KERNFUSION
UND
KERNWAFFENENTWICKLUNG

MIX
Papier aus verantwortungsvollen Quellen
FSC® C084279
FSC www.fsc.org

IMPRESSUM

Brandenburgisches Verlagshaus
Math. Lempertz GmbH
Hauptstr. 354
53639 Königswinter
Tel.: 02223-900036
Fax: 02223-900038
info@edition-lempertz.de
www.edition-lempertz.de

Bildnachweis: Seite 88
Umschlaggestaltung:
Ralph Handmann
Satz/Layout: C. Mertens
Lektorat: Dr. Thomas Müller

Gesamtherstellung:
PrintConsult GmbH, München

Printed and bound in Czech Republic

ISBN: 978-3-96058-254-0

Rolf-Günter Hauk

Jahrgang 1949. Nach einer Lehre als Physiklaborant bei der Höchst AG in Frankfurt machte er das Abitur auf dem zweiten Bildungsweg. Danach Studium der Physik/Physikalischen Technik, in der Halbleiterforschung tätig sowie in der Telekommunikation. In den letzten Jahrzehnten seiner beruflichen Laufbahn Planung, Installation und Entwicklung im Bereich Wireless LAN.
Schon seit den 1960er Jahren beschäftigte er sich mit der Geschichte der Kernphysik und der Entwicklung der Atombombe. In den letzten Jahrzehnten wurde die Erforschung des Standes der deutschen Atomforschung bis 1945 zu einem Schwerpunkt seiner Recherchen. Durch Eintritt in den Ruhestand war es ihm möglich, eine erste Veröffentlichung über die Verwendung von Thorium im Dritten Reich mit dem Titel „Kernspaltung und Gaslaterne“ im Jahr 2015 herauszubringen. Als zweites Buch erschien in Zusammenarbeit mit Christel Focken 2017 das Buch „Atombombe - Made in Germany“.

ROLF-GÜNTER HAUK

KERNFUSION UND KERNWAFFENENTWICKLUNG

Fusionsforschung in Deutschland bis 1945

Vorwort 6

Fusionsreaktionen als Energiequelle für die Sonne 7

Zusammenfassung 12

Fusionsforschung im Labor 13

Erste Überlegungen und Versuche 14

Zusammenfassung 21

Fusionsforschung ab 1940 22

Erste Arbeiten des „Uranvereins“, der Wehrmacht und der Marine an der Kernfusion 24

Zusammenfassung 29

Kernfusion wird Forschungsschwerpunkt 30

Zusammenfassung 33

Die SS kommt ins Spiel 34

Zusammenfassung 36

Kernwaffentest im Jonastal 37

Zusammenfassung 41

Was detonierte in Ohrdruf? 42

1. Rekonstruktion 43

2. Rekonstruktion 44

3. Rekonstruktion 45

4. Rekonstruktion 45

5. Rekonstruktion 47

Zusammenfassung 53

Zünderproblematik ... 54
Zünderprobleme auch beim Manhattan-Projekt ... 56
Fusionsverstärkte Kernspaltungsbombe ... 59
Zusammenfassung ... 61

Nach dem Krieg ... 62
Zusammenfassung ... 64

Spekulationen ... 66
Objekt Riese und die Kernenergie ... 66
Zusammenfassung ... 70

Epilog ... 71

Glossar ... 74

Anhang ... 78
Kernprozesse in der Sonne ... 78
Über die Bestimmung der Massen von Elementarteilchen und Atomen ... 79
Massenspektrograph ... 79
Bestimmung der Masse von Neutronen ... 80
Wie Hohlladungen funktionieren ... 81
Auslösung von Fusionsprozessen durch konvergente Stoßwellen ... 82
Sprengstofflinsen ... 82
Kritische Masse und deren Verringerung ... 83
Der Pincheffekt ... 84

Personenregister ... 85

Bildnachweis ... 88

Vorwort

Dieses Buch schildert den Weg vom Anfang der Fusionsforschung bis zum Test einer Kernwaffe im Jonastal in Thüringen.

Anhand zahlreicher Hinweise in Büchern, die sich mit der deutschen Atombombe und deren Entwicklung beschäftigen, ferner auf der Grundlage von Primärquellen wie Zeitungsartikeln, Patenten und Spionageberichten werden diese zunächst nur für sich stehenden, sozusagen isolierten, Textstellen wie Puzzleteile zusammengefügt, um zu einer belastbaren Aussage über einen, wahrscheinlich sogar zwei, Kernwaffentests im Jonastal zu gelangen. Im Gegensatz zu anderen Publikationen, die entweder nur vage Andeutungen über den Aufbau einer dort getesteten A-Bombe machen oder gleich mehrere verschiedene Lösungsmöglichkeiten anbieten, wird hier aufgrund der vorliegenden Faktenlage der wahrscheinlichste Aufbau der damaligen deutschen Kernwaffe dargestellt. Zur Verifizierung der Rechercheergebnisse werden Aussagen von Kernphysikern zitiert, ergänzt von Untersuchungen, die nach dem Krieg durchgeführt wurden. Durch die Auswertung von Nachkriegspatenten und Publikationen, die auf Forschungsresultaten aufbauen, die bis 1945 erzielt wurden, rundet sich das Bild ab und bestätigt die These: Deutsche Kernforscher entwickelten während des Zweiten Weltkriegs eine funktionsfähige Nuklearwaffe unter Einbeziehung der Kernfusion.

In einem zusätzlichen Kapitel wird ein „Mysterium" aus der Zeit des Dritten Reiches beschrieben und dafür eine Lösungsmöglichkeit angeboten, die auch mit der Kernfusion zusammenhängt.

Rolf-Günter Hauk

Fusionsreaktionen als Energiequelle für die Sonne

Nachdem es den Physikern möglich war, die Masse von Atomen relativ genau zu bestimmen, erkannten sie, dass ein einzelnes Helium-Atom etwas leichter ist als die Summe der Massen der einzelnen Bestandteile dieses Helium-Atoms. Hierbei handelt es sich um eine elementare Erkenntnis, welche sowohl die Kernfusion wie auch die Kernspaltung betrifft. Daher wollen wir dieses Phänomen etwas näher betrachten.

Betrachten wir zunächst den Aufbau des Helium-Atoms. Ein Hinweis vorab: Seine Elektronen werden hier nicht berücksichtigt, da diese an jenen Vorgängen nicht beteiligt sind. Wenden wir uns nun den einzelnen Massen unseres Heliumatoms zu. Hierzu eine Anmerkung: Der Buchstabe „u" hinter den Masseangaben bezeichnet die atomare Masseneinheit. Sie ist dimensionslos und bezieht sich auf ein Zwölftel (1/12) der Masse des Kohlenstoff-Atoms.[1] Die Masse des Kohlenstoff-Atoms beträgt 12,000 u.
Ein Helium-Atom besteht aus zwei Neutronen und zwei Protonen, ist also durch die Protonen doppelt positiv geladen. Die Masse eines Helium-Atoms beträgt 4,0026 u.
Die Ruhemassen der einzelnen Neutronen und Protonen betragen für das Neutron 1,0086654 u und für das Proton 1,0072766 u.

Betrachtet man nun die Summe der Ruhemassen der Protonen und Neutronen, so kommt man zu folgendem Ergebnis:

$$2 \times 1{,}0086654 + 2 \times 1{,}0072766 = 2{,}0173308 + 2{,}0145532 = 4{,}031884$$

Die Summe beträgt also 4,031884 u im Gegensatz zu der Masse des Helium-Atoms von 4,0026 u.

Das Helium-Atom ist also, wie eingangs erwähnt, leichter als die Einzelmassen der Kernbestandteile. Wo aber ist die Differenz-Masse geblieben?

1. *dtv-Atlas Atomphysik, 1976, ISBN 3-423-03009-7, Seite 11*

Carl Friedrich von Weizsäcker, 1982

Der Physiker Carl Friedrich von Weizsäcker (1912 bis 2007) stellte dazu die Theorie der Bindungsenergie auf, die benötigt wird, um den Kern zusammenzuhalten und so beispielsweise die elektrostatische Abstoßung zwischen den geladenen Protonen zu überwinden. Da Masse und Energie über die berühmte Einstein'sche Formel

$$E = mc^2$$

miteinander verknüpft sind, kann man über den Massendefekt die Energie bestimmen, die in der Bindungsenergie steckt.

Die Differenz bzw. der Massendefekt bei einem Helium-Atom beträgt also 4,031884 - 4,0026 = 0,029284 u.

Eine atomare Masseneinheit entspricht 931,502 MeV (MeV = Megaelektronenvolt). Dadurch entspricht der Massendefekt einer Energie von 27,278 MeV. Damit können wir zunächst nicht viel anfangen. Folglich rechnen wir weiter, um zu einer uns bekannten Größe zu kommen. Dabei gelten folgende Umrechnungsfaktoren:
1 MeV = 1,6. 10-6 erg, 1 erg = 2,39. 10-11 kcal,
1 kcal = 1/860 kWh

27,278 MeV = $4{,}36.\ 10^{-5}$ erg = $1{,}043.\ 10^{-15}$ kcal = $1{,}2.\ 10^{-18}$ kWh.

Diese Energie entspricht der Bindungsenergie, die das Atom zusammenhält. Sie wird wieder freigesetzt, wenn ein Helium-Atom in seine einzelnen Protonen und Neutronen, aus denen es besteht, zerlegt wird. Da in einem Mol (Anzahl Gramm, die das Molekulargewicht angibt) eine festgelegte Anzahl von $6{,}022045.\ 10^{23}$ Atome/Moleküle vorhanden sind, kann man die Energie von einem Mol Helium bestimmen. Dabei beträgt ein Mol im Fall von Helium 4,0026 g. Daraus ergibt sich eine Energie von 628,2 Kilokalorien (kcal) oder 722,6 Kilowattstunden (kWh). Ein Vergleich soll dieses große Energiepotential auch für einen physikalischen Laien verständlich machen: Ein Vier-Personen-Haushalt verbraucht im Jahr ca. 4.150 kWh, also ungefähr das Sechsfache des genannten Wertes. Das bedeutet, dass mit der Helium-Atom-Bindungsenergie von sechs Mol ein solcher Haushalt ein Jahr lang mit Strom versorgt werden könnte.

Die obige Berechnung soll nur als Beispiel dienen, um zu zeigen, wie viel Energie in der Bindungsenergie bzw. im Massendefekt steckt.

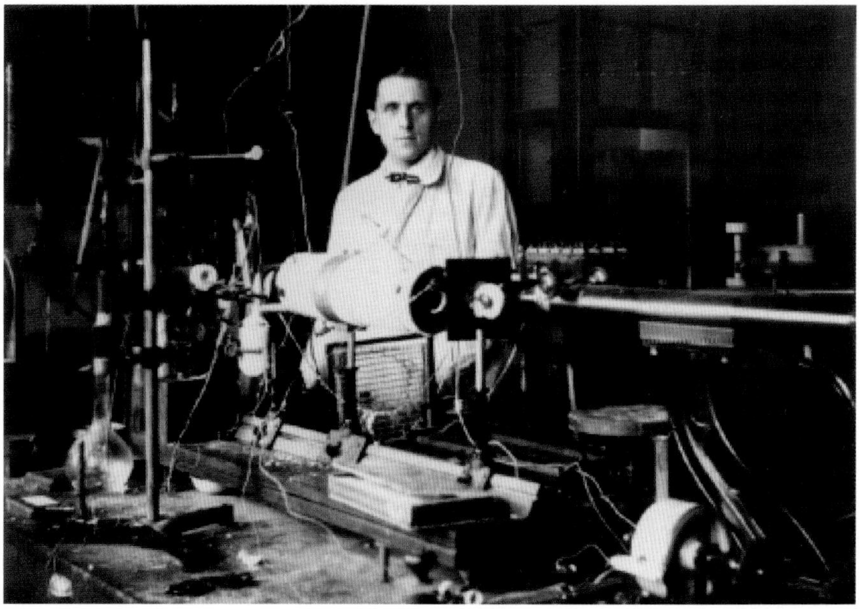

Fritz Houtermanns, Aufnahme von 1927.

Schon im Jahr 1915 legte der amerikanische Chemiker William Draper Harkins (1873 bis 1951) eine theoretische Untersuchung vor, nach der es eine ganze Reihe von Umwandlungsprozessen geben sollte, bei der Energie freigesetzt wird. Als besonders ergiebig erkannte er einen Vorgang, bei dem sich vier Wasserstoff-Atomkerne zu einem Heliumkern verbinden. Und so vermutete er, dass diese Wasserstofffusion, wie der Prozess heute genannt wird, die Energie der Sonne bereitstellt.
Das Problem dabei waren jedoch die dazu notwendigen hohen Temperaturen. Diese mussten sogar noch höher sein als diejenigen auf der Oberfläche der Sonne. Der britische Astrophysiker Arthur Stanley Eddington (1882 bis 1944) erkannte in den 1920er Jahren, dass die Sonne nicht unter ihrer eigenen Anziehungskraft zusammenbricht, weil die extreme Wärme einem solchen Schrumpfungsprozess entgegenwirkt. Eddington berechnete daraufhin die Temperatur, die notwendig wäre, um die Sonne auf der vorhandenen Größe zu stabilisieren. Er fand heraus, dass dazu eine Zentraltemperatur von mehreren Millionen Grad notwendig war. Heute geht man von einer Temperatur von 15 Millionen Grad im Mittelpunkt der Sonne aus.

Der amerikanische Astronom Henry Norris Russel (1877 bis 1957) bestimmte ein paar Jahre später, nämlich 1929, die Zusammensetzung der Sonne ziemlich genau. Danach besteht die Sonne zu 75 Prozent aus Wasserstoff und zu etwas weniger als 25 Prozent aus Helium. Weitere schwerere Atome wie Kohlenstoff machen ungefähr ein Prozent aus.

Robert d´Escourt Atkinson an seinem Schreibtisch, Aufnahme aus den 1970er Jahren.

Damit ist die Wasserstofffusion die einzige mögliche Energiequelle, wobei die hohen Temperaturen im Inneren der Sonne dafür ausreichen sollten, die Energie für die Fusion der Wasserstoffkerne zur Verfügung zu stellen.

So fanden Friedrich Georg „Fritz" Houtermans (1903 bis 1966) und Robert d´Escourt Atkinson (1898 bis 1982) 1929 die Reaktionszyklen, bei denen aus Wasserstoff Helium erzeugt wird. Dabei entsteht bei jedem Zyklus Überschussenergie mit einer Stärke von 26,7 MeV (zur Beschreibung dieses Zyklus´ siehe Anhang). Die Physiker schlossen daraus, dass die dabei freiwerdende Energie in Form von Strahlung abgegeben wird.
Im Jahr 1938 erarbeiteten der deutsche Physiker v. Weizsäcker und der deutsch-amerikanische Physiker Hans Bethe (1906 bis 2005) eine weitere Kernreaktion, bei der Kohlenstoff als Katalysator verwendet wird. Dieser Vorgang vollzieht sich vorzugsweise in den oberen Schichten der Sonne. Beschrieben sind die einzelnen Schritte ebenfalls im Anhang. Wichtig für uns ist hier die Bilanz der Reaktionen.

Ausgangspunkt ist ein Kohlenstoffkern, an dem sich schrittweise vier Protonen andocken, zusätzlich ein Heliumkern sowie zwei Positronen. Damit sind aus vier Protonen ein Heliumkern und zwei Positronen entstanden. In einer physikalischen Formel ausgedrückt:

$$4\,{}^{1}H \rightarrow {}^{4}He + 2e^{+}$$

Die freiwerdende Energie beträgt 25,5 MeV. Auf ein Mol bezogen sind das 600 Millionen kcal. Warum diese Ergebnisse etwas niedriger sind als unsere obigen Berechnungen mit dem Heliumkern und seinen Bestandteilen ergibt sich aus dem Umstand, dass bei den Kernprozessen auch Energie verloren geht. Das wurde bei unserem obigen einfachen Beispiel nicht berücksichtigt.

Jetzt wissen wir zwar, dass in der Sonne ungeheure Energien durch die Kernfusion entstehen, jedoch müssen noch ein paar Erläuterungen zu der notwendigen hohen Temperatur von mehreren Millionen Grad gegeben werden. Bei diesen Temperaturen gibt es in der Sonne keine vollständigen Atome mit Atomkern und Atomhülle mehr. Die Elektronen der Atomhülle haben sich bei den Temperaturen aus den Elektronenbahnen „verabschiedet" und schwirren nun ungebunden als freie Elektronen im „Plasma" genannten Gas herum. Auch die Atomkerne finden wir als nunmehr reine Atomkerne - und damit positiv geladen - in diesem Plasma.

Treffen aber zwei der grundsätzlich positiv geladenen Atomkerne aufeinander, so stoßen diese sich wegen ihrer gleichen (positiven) elektrischen Ladung ab. Der Physiker nennt diese dann „Coulomb-Kräfte". Es ist wie mit zwei Magneten, bei denen man versucht, diese mit den gleichen Polen zusammenzubringen. Mit großem Kraftaufwand, sprich Energie, gelingt es dann doch. Atomkernen wird die Energie durch Temperatur zugeführt. Je höher diese ist, desto höher wird die Energie und damit die Geschwindigkeit, welche die Atomkerne besitzen. Treffen zwei Atomkerne aufeinander, so kommt es auf die Energie an, mit der ein Atomkern auf den anderen trifft. Ist diese Energie so groß, dass der sogenannte Potenzialwall (der Potenzialwall wird durch die Coulomb-Kräfte erzeugt) überwunden werden kann und nähern sich daraufhin die positiven Atomkerne auf ein Picometer einander an, so kommt es zu einer Kernreaktion, sprich: Kernfusion.

Zusammenfassung

- Anfang des zwanzigsten Jahrhunderts wurde die Energiequelle für die Sonne entdeckt
- Diese Energiequelle ist die Kernfusion, bei der sich Wasserstoffatome zu Heliumatomen umwandeln
- Dabei wird Energie in Form von Strahlung freigesetzt
- Für diesen Vorgang sind hohe Temperaturen von mehreren Millionen Grad notwendig

Fusionsforschung im Labor

Da seit 1929 bzw. 1938 die physikalischen Abläufe bei der Kernfusion verstanden werden und auch das Ausmaß der dabei erzeugten Energie bekannt ist, machten sich viele Physiker in den USA und in Europa darüber Gedanken, wie man an diese Energiequelle herankommen könnte. Die Schwierigkeiten bestanden bekanntlich in der Erzeugung der extremen Temperaturen sowie bei der Bereitstellung eines geeigneten Gefäßes, in dem die Fusion ablaufen konnte, ohne dass der Wasserstoff sich verflüchtigte, bevor die Fusion zu Helium vollzogen war und damit Energie erzeugt wurde. So wurde untersucht, ob es noch andere Elemente als Wasserstoff gibt, die einen Fusionsvorgang erlauben und Energie produzieren. Eine wichtige Erkenntnis dabei war, dass die Größe der Coulomb-Kräfte mit der Ladungszahl anwachsen. Daher ist eine Kernfusion von leichten Kernen mit einem wesentlich geringeren Energieaufwand durchführbar als mit schweren Kernen. Untersucht wurden deshalb die verschiedensten Fusionsreaktionen sowie die daraus resultierende Energieausbeute. Bei den nachfolgenden Fusionsreaktionen bedeuten:

D: Deuterium (Wasserstoff-Atom mit einem Neutron
und einem Proton)
^{3}He: Helium-Atom mit einem Neutron und zwei Protonen
^{4}He: Helium-Atom mit zwei Neutronen und zwei Protonen
n: Neutron
p: Proton
T: Tritium, Wasserstoff-Atom mit zwei Neutronen und einem Proton
^{6}Li: Lithium, Lithium-Atom mit drei Neutronen und drei Protonen
^{7}Li: Lithium, Lithium-Atom mit vier Neutronen und drei Protonen

Zur weiteren Erläuterung der Reaktionsgleichungen wird auf das Glossar verwiesen.

$D + D \rightarrow {}^{3}He + n + 3{,}25\ MeV$
$D + {}^{3}He \rightarrow {}^{4}He + p + 18{,}3\ MeV$
$D + D \rightarrow T + p + 4\ MeV$
$D + T \rightarrow {}^{4}He + n + 17{,}6\ MeV$
$D + {}^{6}Li \rightarrow 2\ {}^{4}He + 22{,}4\ MeV$
$p + {}^{7}Li \rightarrow 2\ {}^{4}He + 17{,}3\ MeV$

Bei diesen Fusionsreaktionen wird also Energie freigesetzt, wie der letzte Term auf der rechten Seite bei den Reaktions-Gleichungen zeigt. Dabei ist die Energieausbeute etwa fünfmal höher als bei der Kernspaltung.

Bevor die Kernspaltung 1938 von Otto Hahn (1879 bis 1969) entdeckt wurde, die man später zur Auslösung der Kernfusion nutzte, war man Anfang der 1930er Jahre auf andere Methoden angewiesen, um die hohen Temperaturen zu erzeugen, die für eine Kernfusion notwendig sind.

Erste Überlegungen und Versuche

Bekannt war, dass man hohe Temperaturen mit Hilfe von starken Funken wie sie zum Beispiel bei den damals üblichen Knallfunkensendern entstehen oder durch die starke Kompression von Gasen erzeugen konnte. Jedoch: Wären die erreichbaren Temperaturen auch hoch genug? Dessen war man sich nicht sicher, und so dachte man über Verfahren nach, wie man zu einer Kernfusion gelangen könnte. 1934 beantragten die Wissenschaftler Arno Brasch und Dr. Fritz Lang, beide ursprünglich Beschäftigte der Firma AEG (Allgemeine Electricitäts-Gesellschaft) in Berlin ein Patent mit dem Titel „Verfahren zur Anregung und Durchführung von Kernprozessen". Beide waren zur Zeit des Patentantrages aber bereits in die USA bzw. UdSSR emigriert.

DEUTSCHES REICH

AUSGEGEBEN AM
2. JULI 1938

REICHSPATENTAMT

PATENTSCHRIFT

№ 662036

KLASSE 40c GRUPPE 17

B 168181 VI/40 c

Tag der Bekanntmachung über die Erteilung des Patents: 9. Juni 1938

Allgemeine Elektricitäts-Gesellschaft in Berlin*)

Verfahren zur Anregung und Durchführung von Kernprozessen

Patentiert im Deutschen Reiche vom 21. Dezember 1934 ab

Deckblatt für das Kernfusionspatent der AEG von 1934

In der Patentschrift heißt es weiter:

> Die kinetische Energie von Atomen oder Elektronen, die mit etwa 0,13 Volt beschleunigt sind, ist etwa gerade so groß wie die von Atomen oder Elektronen, deren Temperatur 1000° C beträgt. Wenn man sich die Aufgabe stellt, Kernprozesse dadurch anzuregen und durchzuführen, daß man Stoffe niedriger Ordnungszahl hohen Temperaturen unterwirft, so gelingt dies nur, wenn man die Temperatur so hoch steigert, daß die kinetische Energie der Atome oder Elektronen etwa gerade so groß ist, wie zur Einleitung von Kernprozessen mit Hilfe von durch elektrische Felder beschleunigten Atomen oder Elektronen erforderlich wäre. Es ist somit zur Einleitung derartiger Prozesse eine Steigerung der Temperatur auf ungefähr 10 Millionen Grad Celsius erforderlich.

Diese Beschreibung entspricht genau den von uns im letzten Kapitel erarbeiteten Vorgaben. Nun wird es spannend, denn jetzt wird ausgeführt, wie diese Temperaturen erreicht werden sollen.

> Es wird hierbei folgendes Verfahren benutzt: Ein Geschoß wird mit Geschwindigkeiten bis zu 1000 m/Sek. abgeschossen und in einen Gewehrlauf hineingeschossen. Hierbei entstehen gewaltige Drucke bis zu 10 Millionen Atm. und damit sehr hohen Temperaturen, die schon bei verhältnismäßig einfachen Hilfsmitteln bis zu 200 000° C betragen.

Mit dieser Methode soll, wie weiter ausgeführt wird, bei Verwendung eines zur Kernfusion vorgesehenen Gases, welches einen geringen Anfangsdruck hat, eine Kernfusion ausgelöst werden. Dabei ist die Höhe des Druckes, der erreicht wird, von der Länge des Laufes abhängig.

Danach wird ein Verfahren beschrieben, bei dem mit Funken gearbeitet wird.

> Außerdem wurden Versuche zur Erzeugung sehr hoher Drucke und Temperaturen unternommen, indem eine Kondensatorbatterie sehr großer Kapazität über einen Funken in einer schwer kompressiblen Flüssigkeit, Öl, Wasser usw., entladen wird. Hierbei entstehen tatsächlich außerordentlich hohe Drucke und Temperaturen. Dieses Verfahren ist besonders wirksam, wenn man dafür sorgt, daß die Spannung an dem Funken bzw. dem dadurch eingeleiteten Lichtbogen nicht sofort zusammenbricht.

Zusätzlich zu dem Lichtbogen soll die Flüssigkeit vor der Entladung unter Druck gesetzt werden. Dieses soll in einem „Gefäß aus widerstandsfähigem Material (Stahl)" geschehen. Dabei wird die Flüssigkeit unter hohem Druck eingefüllt („... bis zu einigen 1000 Atm"). Des Weiteren wird noch auf den Vorteil von kurzen Stößen hingewiesen.

> Wesentlich weiter wird man kommen, wenn man diesen Vordruck nur stoßartig erzeugt sowie unter Ausnutzung der Trägheit von Flüssigkeit und Wand und der mechanischen Überbeanspruchbarkeit fester Körper in kurzen Zeiten.

Danach wird im Patent die Dauer des Vordrucks und die Entnahme aus der Kondensatorbatterie von bis zu 1 Million kW in der Zeit von 1/10 Sekunde (Sek.) vorgeschlagen.

Welche Elemente für diese Kernfusionen infrage kommen, wird weiter unten aufgelistet.

> Die mit diesen Verfahren erzeugbaren Temperaturen und Drucke sollen nun erfindungsgemäß angewendet werden zur Einleitung von Kernreaktionen. Hierfür kommen insbesondere Elemente niederer Ordnungszahl in Betracht, also Wasserstoff, schwerer Wasserstoff, Lithium und Bor.

Es folgt die Beschreibung des eigentlichen Fusionsvorganges.

> Die Reaktion, die mit den geringsten Hilfsmitteln einzuleiten ist, ist die Reaktion eines schweren Wasserstoffkernes mit einem anderen schweren Wasserstoffkern. In diesem Falle würde also entweder bei der Ramsauer Methode der Gewehrlauf, in den hineingeschossen wird, mit Diplogengas gefüllt sein bzw. bei dem Funkenverfahren würde die Entladung in schwerem Wasser oder vielleicht einem Kohlenwasserstoff, dessen Wasserstoffatome aus schwerem Wasserstoff bestehen, stattfinden.

(Anmerkung des Autors: Deuterium wurde damals als „Diplogen" bezeichnet).
Zum Schluss der Patentbeschreibung wird der Einsatz der Kernfusion beschrieben.

> Als wesentlichster Punkt kommt ganz allgemein die Gewinnung von Energie aus dem Atomkern in Frage, indem man z. B. die Wärmeentwicklung der auftretenden Strahlen benutzt, um damit eine Wärmekraftmaschine zu betreiben.

Halten wir fest: Wir haben damit das erste Patent für einen Fusionsreaktor vorliegen!

Dieses Patent zeigt ganz klar, dass sich die Physiker der damaligen Zeit über die Voraussetzungen zur Kernfusion im Klaren waren. Zur Überprüfung der Theorien fehlten aber die Experimente zur Verifizierung in der Praxis.
Eine Grundlage dieses Patentes waren die Versuche von Prof. Dr. Carl Ramsauer (1879 bis 1955), der ab 1933 das Forschungsinstitut der AEG in Berlin-Reinickendorf leitete. Ramsauer führte 1933 Versuche mit zwei Gewehrgeschossen durch, die in einem entsprechend präparierten Gewehrlauf aufeinander abgefeuert wurden. Bei Geschwindigkeiten von 500 bis 750 Metern pro Sekunde (m/Sek.; jedes Geschoss!) konnte er Drücke und Temperaturen registrieren, die kein Lauf aushielt und die jedes Material zerstörten.
Im selben Jahr, als das Kernfusionspatent von der AEG eingereicht wurde, veröffentlichte Ernest Rutherford (1871 bis 1937), ein in Neuseeland geborener Physiker, zusammen mit dem australischen Physiker

Ernest Rutherford

Prof. Dr. Carl Ramsauer, 1928

Mark Oliphant (1901 bis 2000) die Ergebnisse seiner Fusionsforschungen. Er beschoss dabei verschiedene Zielobjekte mit Deuterium-Atomen. Durch die Materialunterschiede dieser Ziele konnte er sicher sein, dass die beobachteten Effekte nur von der Reaktion zwischen den Deuterium-Atomen herrühren konnten. Das Ergebnis: „an enormous effect was produced", sprich: eine starke Energieerzeugung[1], wie später in einem Protokoll festgehalten wurde.

Ronald Richter (links), mit Juan Perón (später Präsident Argentiniens).

Im Jahr 1935 wurde einem gewissen Ronald Richter von der Fakultät für Physik an der Universität Prag die Doktorwürde verliehen. Richter erblickte 1909 im böhmischen Falkenau das Licht der Welt und studierte in Prag Physik, Mathematik und Chemie. Nach dem Verlassen der Universität erhielt er verschiedene Aufträge aus der Kohleindustrie. Richter interessierte sich für die Fusionsforschung und war dazu wohl durch seinen Lehrer Prof. Dr. Heinrich Freiherr Rausch von Traubenberg (1880 bis 1944) veranlasst worden. So bekam er die Möglichkeit, 1936 das Phänomen der elektrodynamischen Kontraktion an einem Karbid-Lichtbogen-Ofen zu untersuchen. Dabei kam es bei einem Hochstrombogen-Experiment, hervorgerufen durch einen nicht beabsichtigten Kabelbruch, zu einer heftigen Explosion des Lichtbogens, deren Schockwellen das Bogenplasma extrem aufheizte. Um die Temperaturen in einem solchen Plasma zu messen kam Richter auf die Idee, Deuterium in die Entladungszone einzubringen und mittels der dann entstehenden Kernfusionen die Temperatur zu bestimmen. Daraus entwickelte sich für Richter die

1. *Transmutation Effects Observed with Heavy Hydrogen, siehe: http://www.chemteam.info/Chem-History/Rutherford-1934b/Rutherford-1934b.html*

Frage, ob nicht ein solches Schockwellenplasma auch als Fusionsreaktor arbeiten könnte. Er beschäftigte sich weiterhin mit der Wirkung von externen Magnetfeldern auf solche Lichtbögen. Danach widmete er sich zwar hauptberuflich weiterhin der Entwicklung von neuen Batterien, konnte sich nebenher jedoch mit Fusionsvorgängen befassen, indem er hohe Gasverdichtungen in elektrolytisch aufgeladenen Elektroden nutzte.[2] Heute würde man dazu „Kalte Fusion" sagen. Wir werden auf Richter Anfang der 1940er Jahre noch einmal zurückkommen.

Meldung in den „Salzburger Nachrichten" vom 13. Juli 1963

Auch in Wien beschäftigte man sich Ende der 1930er Jahre mit der Kernfusion, auf die sich nachfolgender Zeitungsartikel in den „Salzburger Nachrichten" vom 13. Juli 1963 bezieht:

Wiege der Wasserstoffbombe stand bei Wien

Prof. Stetter gelang bereits 1939 auf dem Schießplatz Klosterneuburg die erste Atomverschmelzung

WIEN (SN). Bereits 1939 ist auf dem Militärschießplatz in Klosterneuburg bei Wien ein Atomfusionsversuch erfolgreich unternommen worden, teilte Univ.-Prof. Stetter vom 1. Physikalischen Institut der Universität Wien Freitag mit. Die Kernfusion ist die Grundlage der Wasserstoffbombe, die erst 1952 verwirklicht wurde. Heute beschäftigt sich Prof. Stetter mit den Möglichkeiten der Gewinnung friedlicher Energie aus der Kernfusion. Die Existenz einer deutschen Atombombe verneinte Prof. Stetter ausdrücklich: „Ich hätte es wissen müssen"; er arbeitete während des Krieges an der „Uran-Maschine" in Berlin-Dahlem mit, für die auch das schwere Wasser aus Norwegen verwendet wurde. 1944 wurde Prof. Stetter mit dem Wiener physikalischen Institut nach Thumersbach bei Zell am See verlagert, wo er von den Amerikanern 1945 konfiniert wurde. In rund 30 Verhören suchten die Amerikaner u. a. vergeblich die Ergebnisse seiner Arbeiten über die Kernfusion zu erfahren. Hingegen war sein 1939 eingereichtes Patent zur Konstruktion von Atomreaktoren von den Amerikanern als Kriegsbeute beschlagnahmt worden; der Versuch Fermis 1940 in Chikago entspricht übrigens der Erfindung Stetters von 1939. Nach diesen 1939 zum Patent angemeldeten Prinzipien Stetters arbeiten heute rund 500, das sind etwa 98 Proz. aller Atomreaktoren. Die Studiengesellschaft für Atomenergie (Seibersdorf) hat dieses Patent, das zwar nur noch für Österreich und bis 1971 gilt, die Frist in Deutschland ist abgelaufen, erworben, um zu vermeiden, daß durch ausländischen Erwerb die Atomentwicklung in Österreich von fremder Seite kontrolliert würde. Sie wird einem Kernkraftwerksbau in Österreich eine Freilizenz geben. International wird sie die vom Patentamt bestätigten Prioritätsrechte Österreichs ideologisch geltend machen, zu wirtschaftlicher Auswertung besteht keine Möglichkeit mehr.

Zur besseren Lesbarkeit wurde aus der obigen Zeitungsmeldung derjenige Teil, der sich auf die Kernfusion bezieht, vergrößert.

WIEN (SN). Bereits 1939 ist auf dem Militärschießplatz in Klosterneuburg bei Wien ein Atomfusionsversuch erfolgreich unternommen worden, teilte Univ.-Prof. Stetter vom 1. Physikalischen Institut der Universität Wien Freitag mit. Die Kernfusion ist die Grundlage der Wasserstoffbombe, die erst 1952 verwirklicht wurde. Heute beschäftigt sich Prof. Stetter mit den Möglichkeiten der Gewinnung friedlicher Energie aus der Kernfusion. Die Existenz einer deutschen Atombombe verneinte Prof. Stetter ausdrücklich: „Ich hätte es wissen müssen"; er arbeitete während des Krieges an der „Uran-Maschine" in Berlin-Dahlem mit,

2. Rainer Karlsch, Heiko Petermann, Für und Wider „Hitlers Bombe", Waxmann Verlag, 2007, Seite 188

Georg Stetter (1895 bis 1988) mit Elektromagneten, ca. 1925

Diesen Fusionsversuch teilte Prof. Stetter 1963 in Wien der Presse mit. Stattgefunden soll dieser 1939 haben, jedoch werden keine weiteren Einzelheiten genannt. Wichtig ist zu erwähnen, dass Stetter bis 1945 auch bei der deutschen Kernforschung aktiv mitarbeitete.

Zusammenfassung

- Erstes weltweites Patent zur Nutzung der Fusionsenergie durch die AEG 1934
- 1934 führten Rutherford und Oliphant Fusions-Experimente durch, bei denen sie starke Energiefreisetzungen beobachteten
- Ronald Richter misst sehr hohe Temperaturen bei Experimenten mit Lichtbögen
- Laut Stetter wurden von ihm 1939 Kernfusionsexperimente nahe Wien durchgeführt

Fusionsforschung ab 1940

Nachdem die Kernspaltung von Otto Hahn entdeckt worden war, beschäftigten sich die meisten Kernphysiker mit ihr sowie mit der Umsetzung der bei der Spaltung freiwerdenden Energie für zivile Anwendungen. Neben Kernreaktoren rückten aber auch Kernwaffen in den Fokus der Wissenschaftler - die Atombombe wurde denkbar! Die Erzeugung von Energie aus der Kernfusion war zwar theoretisch gelöst, jedoch praktisch für die meisten Physiker nicht einfach umzusetzen. Daher wurde dieses Forschungsgebiet fürs Erste mit nur wenig Nachdruck bearbeitet. Nur vereinzelt versuchten Forscher wie Ronald Richter, theoretische Lösungen zu erarbeiten.

Symptomatisch für diesen Zustand sind zwei Ereignisse, die hier kurz beschrieben werden sollen. Am 16. September 1939 fand die erste Sitzung des „Uranvereins“ unter Leitung des Heereswaffenamtes (HWA) statt. Die Diskussion drehte sich um den Spaltungsprozess des Uran-Isotops U 235 und der Gewinnung von U 235. Nach den Gesprächen wurden Forschungsaufträge vergeben.[1] Für uns ist in diesem Zusammenhang interessant, dass es dabei nur um Kernspaltung ging, die Kernfusion hingegen keine Rolle spielte. Wenn wir nun auf die andere Seite des Atlantiks in die USA blicken, so ist es nicht ganz unwichtig, sich den Lebenslauf von Edward Teller (1908 bis 2003) anzusehen. Teller wurde in Ungarn geboren. Er promovierte 1930 an der Universität Leipzig, ging 1931 nach Kopenhagen zu Niels Bohr (1882 bis 1965) und wanderte 1935 in die USA aus. Ab 1939 arbeitete er bei Enrico Fermi (1901 bis 1954) an der Universität von Chicago. Vor dem Bau der ersten Atombombe setzte sich Teller für die Entwicklung der „H-Bombe“, also der Wasserstoffbombe, ein. Fermi hatte Teller 1941 auf die Wasserstoffbombe aufmerksam gemacht. Er wies auch darauf hin, dass eine Atombombe genügend hohe Temperaturen erzeugen dürfte, um genug Energie für eine thermonukleare Reaktion von Wasserstoff-Isotopen (Deuterium/Tritium) liefern zu können und damit eine große Energiefreisetzung zu ermöglichen. Teller arbeitete jedoch zunächst unter Robert Oppenheimer (1904 bis 1967) am Bau der Atombombe. Erst ab 1950 wurde in den USA mit der Entwicklung der H-Bombe be-

---

1. Rainer Karlsch, Hitlers Bombe, DVA 2005, Seite 35

gonnen. Da Teller einer der wichtigsten Entwickler war, wurde er später als „Vater der Wasserstoffbombe“ bezeichnet.[2]

Stetter hatte bereits 1939 Fusionsversuche durchgeführt (siehe vorheriges Kapitel). Weitere Experimente wurden in Wien unternommen. Anfang 1941 wurde im dortigen Radiuminstitut ein Versuch zur Fusion von leichten Kernen mittels Funkenentladung angesetzt.[3] Dieser führte jedoch zu keinem positiven Ergebnis. In einem Bericht, welchen Stetter 1945 für die Amerikaner über die Tätigkeit seines Instituts verfasste, ist zu lesen:

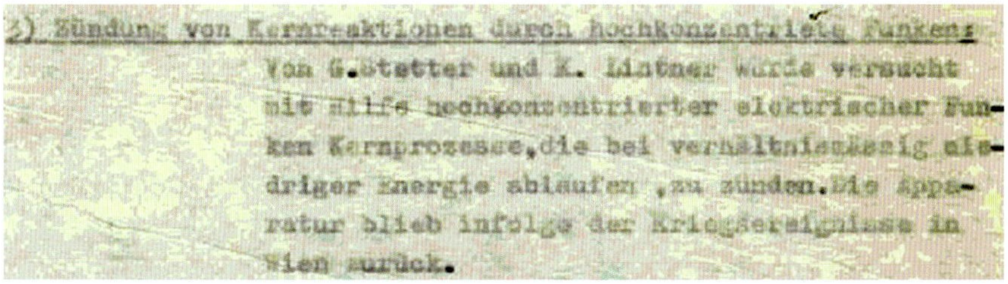
3) Zündung von Kernreaktionen durch hochkonzentrierte Funken:
Von G. Stetter und K. Lintner wurde versucht
mit Hilfe hochkonzentrierter elektrischer Fun-
ken Kernprozesse, die bei verhältnismäßig nie-
driger Energie ablaufen, zu zünden. Die Appa-
ratur blieb infolge der Kriegsereignisse in
Wien zurück.

Auszug aus dem Bericht von Prof. Stetter vom 27. Juni 1945 (Quelle: Deutsches Museum)

(„3. Zündung von Kernreaktionen durch konzentrierte Funken:
Von G. Stetter und K. Linter wurde versucht mit Hilfe hochkonzentrierter elektrischer Funken Kernprozesse, die bei verhältnismäßig niedriger Energie ablaufen, zu zünden. Die Apparatur blieb infolge der Kriegsereignisse in Wien zurück.“)
Wenn man den vollständigen Bericht durchliest stellt man fest, dass die Tätigkeiten des Instituts nicht sehr ausführlich dargestellt werden, so dass die Amerikaner mit dem Inhalt nicht besonders viel anfangen konnten. Zum Beispiel wird über den Fusionsversuch von 1939 kein Wort verloren.

Der im letzten Kapitel erwähnte Ronald Richter beschäftigte sich Ende 1942 weiter mit den schon im Studium unter Rausch von Traubenberg begonnenen Experimenten zur Spaltung von Lithium. Richter entdeckte die Möglichkeit der Spaltung von Lithium 6 (^{6}Li) mittels Neutronen. Die freigesetzten Neutronen wiederum lösten eine Kettenreaktion aus.
Nachfolgend der Reaktionszyklus:

$^{6}Li + n \rightarrow {}^{4}He + T + 4{,}8\ MeV$
$T + T \rightarrow {}^{4}He + 2n + 11{,}3\ MeV$
$^{6}Li + T \rightarrow 2\ {}^{4}He + n + 16{,}1\ MeV$

2. Quantensprünge, Gondrom Verlag 2003, Seite 193
3. Rainer Karlsch, Hitlers Bombe, DVA 2005, Seite 147

Dazu Richter in seinen Memoiren: „Mit anderen Worten, was ich entdeckt hatte, das war der Reaktionszyklus einer hocheffektiven Wasserstoffbombe und einer Neutronenbombe. Als ein Nebenprodukt dieser Kalkulationen entdeckte ich auch den Reaktionszyklus für eine hocheffektive Gamma-Flash Bombe, die einen enormen Blitz von 21 MeV Gamma-Protonen auslösen würde".[4] Nachdem Richter davon ausging, diese Kernreaktionen mit Hilfe von Deuteriumgas und durch Lichtbögen zünden zu können, sprach er im Januar 1943 bei Oberst Geist, dem Leiter der Amtsgruppe „Entwicklung und Forschung" im Reichsministerium für Waffen und Munition, kurz: Rüstungsministerium, vor. Dieser konnte jedoch damit nichts anfangen und lehnte eine Zusammenarbeit ab.

Erste Arbeiten des „Uranvereins", der Wehrmacht und der Marine an der Kernfusion

Prof. Erich Schumann

Nach Bekanntwerden der Möglichkeiten der Kernspaltung wurde der Reichsforschungsrat aktiv und gründete den „Uranverein" unter der Leitung von Prof. Abraham Esau (1884 bis 1955), der auch Leiter der Fachsparte Physik war. Im „Uranverein" waren die Kernforscher zu einer Forschungsgruppe zusammengefasst, die an verschiedenen Universitäten oder Instituten des Deutschen Reiches an der Nutzung der Kernenergie arbeiteten. Zentrum des „Uranvereins" war das „Kaiser Wilhelm Institut" (KWI) in Berlin. Rainer Karlsch schreibt in seinem Buch „Für und Wider Hitlers Bombe", dass es dem „Uranverein" nicht gelang, ein Großprojekt zur Gewinnung von Spaltstoffen (U 235) zu initiieren. Daher ruhte die Hoffnung derjenigen, die noch eine Kernwaffe entwickeln wollten, auf der Kernfusion. Neben dem „Uranverein" beschäftigte sich auch das Heereswaffenamt (HWA) mit der waffentechnischen Nutzung der Kernspaltung. Leiter der Forschungsabteilung des HWA war Prof. Erich Schumann (1898 bis 1985). Er beschäftigte sich mit Sprengstoffphysik und war Leiter des II. Physikalischen Instituts der Berliner Universität. Dieses Institut wurde - wen wundert es? - von der deutschen Wehrmacht finanziert. Im April 1948, also drei Jahre nach Kriegsende, schrieb Schumann einen Brief an Ernst Telschow (1889 bis 1988), den Generaldirektor des in „Max-Planck-Institut" umgetauften „Kaiser Wilhelm Instituts" in Göttingen, über die Forschungen im HWA zur Kernfusion: „Im Verlauf der sprengstoff-physikalischen Forschungsarbeiten, insbe-

4. *Rainer Karlsch, Heiko Petermann, Für und Wider „Hitlers Bombe", Waxmann Verlag, 2007, Seite 192*

sondere der die Zündführung bei Hohlsprengkörpern betreffende Untersuchungen, die ich gemeinsam mit Dr. Walter Trinks [keine Lebensdaten verfügbar] anstellte, dass es zufolge der in unseren Berichten (Forschungsabteilung HwaF, Reichsforschungsrat (Bevollmächtigter für Sprengstoffphysik) und etwa 40 Patentschriften) niedergelegten Erkenntnisse möglich sein müsste, Umwandlungen z.b. von Kohle in Diamant, vorzunehmen und ferner Atomenergie auch durch Reaktionen zwischen leichten Elementen freizumachen".

Neben diesen beiden Hauptakteuren betrieben auch die Marine und die Luftwaffe jeweils eigene Forschungen. Dabei arbeitete die Luftwaffe auch mit der Reichspost zusammen, welche unter ihrem Chef Wilhelm Ohnesorge (1872 bis 1962) ebenfalls auf dem Gebiet der Kernphysik tätig war. Leider sind die meisten Unterlagen, gerade diejenigen über die Forschungen in diesem Bereich, vernichtet worden. Trotzdem wollen wir mit Hilfe von Dokumenten, die noch aus der Zeit vor 1945 stammen, sowie mittels nach 1945 entstandener Quellen versuchen, den damaligen Stand der Fusionsforschung festzustellen.

Prof. Dr. Walther Gerlach (1889 bis 1979), einer der Schlüsselfiguren der deutschen Kernforschung, war durch den Erlass von Reichsmarschall Hermann Göring (1893 bis 1946) zum obersten Leiter der gesamten physikalischen Forschung im Reichsforschungsrat ernannt worden. Er war damit ab Anfang 1944 auch Bevollmächtigter für Kernphysik. Er löste damit Prof. Esau ab. In dieser Position hatte er für den Reichsforschungsrat Berichte über den Stand der Arbeiten auf dem kernphysikalischen Gebiet zu erstellen. Im Schreiben, das den Zeitraum vom 1. Februar bis zum 31. Mai 1944 umfasst, erscheint unter „Abschnitt V, Allgemeine kernphysikalische Fragen" unter Punkt 2 folgende Aussage:

„Die Frage der Gewinnung von Kernenergie auf anderem Wege als durch den Uranzerfall ist auf breiter Basis in Angriff genommen."

Sicherlich nehmen in diesem Schreiben die anderen Forschungsbereiche wie beispielsweise derjenige über den U(ran)-Brenner (Kernreaktor) wesentlich größeren Raum ein, jedoch zeigt diese kleine Notiz den Schwenk der Forschung in Richtung Kernfusion.

Wahrscheinlich wird sich der eine oder andere Leser fragen, warum als Überschrift über diesem Kapitel der „Uranverein" und das Militär zusammen aufgelistet sind. Wie wir bereits gesehen haben, war zwar die Kernforschungslandschaft im Deutschen Reich im Gegen-

satz zu den USA zersplittert und es gab viele parallele Entwicklungsstränge, jedoch arbeiteten die Gruppen gelegentlich auch zusammen. Ein Bindeglied waren Tätigkeiten derselben Personen in verschiedenen Forschungseinrichtungen sowie gemeinsame Tagungen über den Stand der Kerntechnik. Werfen wir zunächst einen Blick auf diejenigen Personen, die maßgeblich in der Kernforschung aktiv waren, bevor wir uns wieder den Nachweisen für die deutschen Kernfusionsforschungen zuwenden. Beginnen wir mit Walther Gerlach, dem Leiter der gesamten physikalischen Forschung und Bevollmächtigten für Kernphysik. Daneben arbeitete er bis Anfang 1944 bei der Marineforschung. In Abstimmung mit Gerlach arbeiteten ihm als wissenschaftliche Berater Friedrich Georg „Fritz" Houtermans, Pascual Jordan (1902 bis 1980) und Otto Haxel (1909 bis 1998) zu. Jordan forschte im sogenannten „Wannsee-Institut" der Marine, das sich auch mit kernphysikalischer Grundlagenforschung befasste.[5] Helmut Hasse (1898 bis 1979), der Leiter dieses Instituts, ließ ab Herbst 1943 Räume in der Universität Göttingen für Forschungsarbeiten auf dem Gebiet der Hochdruckphysik belegen.[6]
Otto Haxel war neben seiner Tätigkeit bei der „Chemisch-Physikalischen Versuchsanstalt der Marine" in Dänisch-Nienhof bei Kiel auch Verbindungsmann zwischen dem Marinewaffenamt (MWA) und dem „Uranverein".[7] Fritz Houtermans arbeitete im Labor von Manfred von Ardenne (1907 bis 1997), der mit der Reichspost zusammenarbeitete. Die Reichspost wiederum beschäftigte sich ebenfalls mit der Kernphysik (siehe S. 25). Dabei war neben dem Forschungsinstitut von Manfred von Ardenne noch das zusätzlich von der Reichspost gegründete „Amt für physikalische Sonderfragen" (APS) in Miersdorf (Mark Brandenburg) in der Kernforschung tätig.
Dieses soll als Beispiel für die informelle Vernetzung der Forscher untereinander und damit auch für den Austausch von Forschungsinformationen dienen, neben den regelmäßig stattfindenden offiziellen Tagungen über den Stand der Kernforschung, bei dem neben den Mitgliedern des Reichsforschungsrates auch das KWI, HWA, Marine und Luftwaffe sowie die SS teilnahmen.

Kehren wir wieder zu der Aussage von Gerlach zurück, dass die „Frage der Gewinnung von Kernenergie auf anderem Wege als durch den Uranzerfall ist auf breiter Basis in Angriff genommen" werden solle. Was meinte er damit? Auf die Spur kommen wir dem durch eine kurze Abhandlung, die in der Zeitschrift „Atomenergie" von 1956 auf Seite 368 erschien. Dort stoßen wir auf eine Aufzählung

5. Rainer Karlsch, Hitlers Bombe, DVA 2005, Seite 45
6. Rainer Karlsch, Hitlers Bombe, DVA 2005, Seite 45
7. Rainer Karlsch, Hitlers Bombe, DVA 2005, Seite 44-48

Kurt Diebner

unter dem Titel „Die deutschen Geheimarbeiten zur Kernenergieverwertung während des Zweiten Weltkriegs 1939 - 1945“. Verfasser dieser Aufzählung der Geheimarbeiten war ein gewisser Werner Tautorius, ein Pseudonym, hinter dem sich Kurt Diebner (1905 bis 1964) verbarg. Diebner wurde zu einer der Schlüsselpersonen der Kernforschung im Dritten Reich, als er 1939 die Leitung des Referats für Atomphysik bei der Gruppe I (Physik) der Forschungsabteilung des HWA in Kummersdorf übernahm. Von 1940 bis 1945 war er Stellvertreter des Beauftragten für kernphysikalische Forschungen und stand mit seinem Reaktorkonzept in Konkurrenz zu Heisenberg. Das Konzept Diebners mit den Uranwürfeln setzte sich gegen dasjenige von Heisenberg, der mit Uranplatten arbeitete, durch (siehe dazu den Aufbau des letzten Uranmeilers in Haigerloch). Daneben beschäftigte sich Diebner mit der Umsetzung der Kernenergie in eine Waffe. Dazu gehörten auch Versuche mit der Kernfusion. So fanden sich in einer Arbeitskladde von Friedrich Berkei (1911 bis 1966), einem Mitarbeiter Diebners, Aufzeichnungen zur Kernfusion wie D-D-Reaktionen sowie ^{6}Li- und Bor-Reaktionen.[8]
In der Aufzählung von Werner Tautorius alias Kurt Diebner folgt unter der Nummer 41 folgende Abhandlung:
„K. Diebner, G. Sachsse u.a. Versuche zur Auslösung von D-D-Reaktionen mit Hilfe von konvergenten Detonationsstoßwellen. Ende 1943“.

8. *Rainer Karlsch, Hitlers Bombe, DVA 2005, Seite 147*

Das bedeutet, dass schon im Jahr 1943 erste Versuche zur Erzeugung von Kernfusionsvorgängen durchgeführt wurden!

Diebner veröffentlichte im März 1962 in der Zeitschrift „Kerntechnik“ einen Artikel mit dem Titel „Fusionsprozesse mit Hilfe konvergenter Stoßwellen - einige ältere und neuere Versuche und Überlegungen“.[9] An seinem Anfang wurde auf die Möglichkeit der Erzeugung hoher Temperaturen und Drücke mit Hilfe von Stoßwellen verwiesen und dabei die Veröffentlichung von Gottfried Guderley (keine Lebensdaten verfügbar) aus dem Jahre 1942 angeführt. Weitere Informationen hierzu sind im Anhang nachzulesen. Doch zurück zu dem Artikel und der Beschreibung von Diebners Experimenten. Hier werden seine Arbeiten in den Jahren 1943 und 1944 mit silbernen Hohlkugeln beschrieben, bei denen die Kugel eine Wandstärke von zwei Millimetern (mm) und einen Durchmesser von 50 Millimetern hatte. In der Hohlkugel befand sich Deuterium. Um hohe Temperaturen mit Hilfe einer mechanischen kugelförmigen Verdichtungsstoßwelle zu erzielen, wurde eine Hohlkugel mit einem Durchmesser von 20 Zentimetern (cm) benutzt. Diese Hohlkugel wurde durch mehrere Sprengkapseln gezündet. Dazu war eine gleichzeitige - Diebner schreibt „konzentrierte“ - Zündung notwendig. Dies wurde durch eine Leitzündung mittels einer Knallzündschnur gewährleistet. Das Silber wurde nach dem Experiment auf Radioaktivität untersucht, jedoch wurde keine festgestellt.

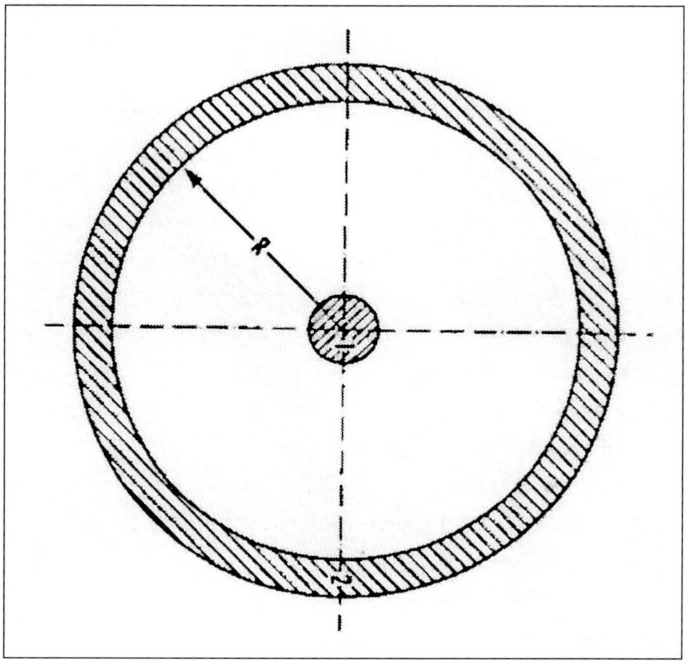

Darstellung des Experiments aus Kerntechnik 3, 1962, Seite 90

9. *Zeitschrift Kerntechnik, Verlag Karl Thiemig KG, Nr. 3 März 1962, Seite 89 - 93*

Gleichartige Versuche, jedoch mit zylindrischen Sprengkörpern, werden in einem anderen Bericht geschildert, der in der „Alsos"-Sammlung deutscher Dokumente in Oak Ridge, Tennessee aufbewahrt wird.[10] Der Titel lautet: „Versuche über die Einleitung von Kernreaktionen durch die Wirkung explodierender Stoffe". Als Autoren zeichnen W. Herrmann, G. Hartwig, H. Rackwitz, W. Trinks und H. Schaub vom Heereswaffenamt. In dem Bericht wird darauf verwiesen, dass diese Versuche auf Anregung von Prof. Gerlach durchgeführt wurden. Aber auch hier gibt es, wie bei den Experimenten mit den Hohlkugeln, keinen Hinweis auf Radioaktivität. David Irving schreibt in seinem Buch „Der Traum von der deutschen Atombombe", dass die Versuche wohl in einem zu kleinen Maßstab durchgeführt wurden, um erfolgreich zu sein. Interessant ist jedoch auch, dass ähnliche Experimente bei der Kriegsmarine in der „Chemisch-Physikalischen Versuchsanstalt" in Dänisch-Nienhof bei Kiel durchgeführt wurden, so Irving weiter. Er geht davon aus, dass nach diesen fehlgeschlagenen Versuchen in Bezug auf die Kernfusion bis Kriegende keine Aktivitäten mehr stattfanden. Hier aber irrt Irving, wie wir im nächsten Kapitel sehen werden.

Zusammenfassung

- Guderley erkennt die Möglichkeit der Erzeugung hoher Temperaturen und Drücke mit Hilfe von Stoßwellen
- Gerlach weist in seinem Bericht an den RFR darauf hin, dass die Frage der Gewinnung von Kernenergie auf anderem Wege als durch den Uran-Zerfall auf breiter Basis in Angriff genommen worden ist. Das bedeutet nichts anderes als Fusionsforschung
- Die Marine führt kernphysikalische Forschungen durch, darunter auch Forschungen auf dem Gebiet der Hochdruckphysik
- K. Diebner, G. Sachsse u. a. führen Versuche zur Auslösung von D-D-Reaktionen mit Hilfe von konvergenten Detonationsstoßwellen durch
- W. Herrmann, G. Hartwig, H. Rackwitz, Gottow und W. Trinks und H. Schaub vom HWA führen Versuche mit Hohlkugeln durch
- Alle obigen Versuche zeigten jedoch keine Fusionsvorgänge

---

10. David Irving, Der Traum von der deutschen Atombombe, rororo Taschenbuch, Mai 1969, Seite 189 - 193

Kernfusion wird Forschungsschwerpunkt

Leider sind, wie oben schon erwähnt, viele Dokumente über kernphysikalische Forschungen 1945 vernichtet worden oder den Siegermächten in die Hände gefallen und damit bis heute nicht verfügbar. Laut Karlsch[1] sprach Gerlach im September 1944 mit Vertretern aller Wehrmachtsteile und der AEG. So waren an dieser Abstimmung unter anderem beteiligt: General Emil Leeb, der Chef des HWA, ferner Prof. Dr. phil. Dr.-Ing Walter Georgii als „Leiter Forschungsführung der Luftwaffe", möglicherweise sogar Ernst Udet als Generalluftzeugmeister im Reichsluftfahrtministerium und schließlich Carl Ramsauer, der Leiter der AEG Forschung und Forschungsbeirat der Marine. In Gerlachs Institut an der Münchner Technischen Universität wurde eine Arbeitsgruppe gegründet, die sich mit hohen Drücken und Temperaturen befasste. Zu ihr gehörten Gerlachs Assistent Duhm (keine Lebensdaten verfügbar), Prof. Hermann Auer (1902 bis 1997) und der Physiker Edwin Groha (keine Lebensdaten verfügbar). Unterstützt wurde diese Arbeitsgruppe von Otto Haxel, der mit seinem Team wiederum dem Oberkommando der Kriegsmarine (OKM) unterstand.[2] Ebenfalls im September traf sich Gerlach mit Forschern, die sich der technischen Weiterentwicklung in der Seekriegsführung widmeten und noch mit anderen Wissenschaftlern des HWA. Diese trugen ihre Vorschläge zur Freisetzung von Atomenergie durch Fusion dem Forschungsbeirat des HWA vor.[3] Dabei stellte Schumann die Ideen von Walther Trinks, dem Referatsleiter für Sprengphysik beim HWA, zu der „Freisetzung von Atomenergie durch Kernsynthese [heute: Kernfusion; Anmerkung des Autors] bei leichten Elementen" vor. Schumann beschrieb den Stand der Arbeiten folgendermaßen:

- Durchführung von Materialtests zur Bestimmung der optimalen Hohlladungsform und Wanddicke
- Für die Erzielung großer Beschleunigungen an der Innenfront ist es gut, möglichst dickwandige Kugeln einzusetzen
- „Zündholz" für die thermonuklearen Reaktionen sollen Lithium-Deuterium-Reaktionen spielen

1. *Rainer Karlsch, Hitlers Bombe, DVA 2005, Seite 172*
2. *Rainer Karlsch, Hitlers Bombe, DVA 2005, Seite 156*
3. *Rainer Karlsch, Hitlers Bombe, DVA 2005, Seite 172*

Schumann schreibt dazu: „Diesem Umstand wird man dadurch nutzbringend Rechnung tragen, dass man zugleich mit der Füllung der anzuwendenden Druckkugel mit schwerem Wasserstoff andere leichte Elemente, zum Beispiel Lithium, Beryllium, Bor oder auch leichten Wasserstoff in Form von chemischen Verbindungen an der Innenwand der Hohlkugel durch dünne Schichten vom Mittelraum getrennt zur Anwendung bringt. So wird sich beispielsweise die Verwendung von schwerem Lithiumhydrid (LiD) empfehlen".[4] Trinks war im HWA eine Schlüsselfigur bei der Erforschung der Kernfusion, wie aus der Vorstellung seiner Vorschläge durch Schumann hervorgeht. Er zeigte in seiner Habilitationsschrift von 1944 die Bildung eines Hohlladungsstrahls sowie dessen Verhalten beim Eintritt in Metall. Möglich wurde dies mit Hilfe der neuen Technologie der Röntgenblitzaufnahmen. Damit konnten Vorgänge sichtbar gemacht und fotografisch festgehalten werden, die in Bruchteilen von Sekunden ablaufen. Entwickelt worden waren die notwendigen Röntgenblitzröhren von Hubert Schardin (1902 bis 1965) vom „Institut für Technische Physik und Ballistik der Luftwaffe" in Berlin Gatow zusammen mit Max Steenbeck vom Siemens-Forschungslabor. Diese erlaubten es, mehr als 45.000 Bilder pro Sekunde aufzunehmen.[5] Da der Hohlladungseffekt auch bei der durch Sprengstoff ausgelösten Kernfusion eingesetzt werden sollte, waren diese Erkenntnisse so wichtig. Erläuterungen zur Hohlladung sind im Anhang nachzulesen. Man konnte jetzt die Vorgänge in einem Hohlladungsstrahl berechnen, da diese vergleichbar mit einem Wasserstrahl sind und der hydrodynamischen Theorie entsprechen.[6] Trinks und seine Gruppe entwickelten außerdem ein Zündführungssystem, das als „X-Zündung" bezeichnet wurde. Für Versuche hatte man Hohlkugeln von ungefähr einem Meter Durchmesser verwendet. Um die Gleichzeitigkeit der Zündung zu gewährleisten war es besser, eine größere Kugel zu verwenden. So stellte Schumann zu den Ergebnissen der Versuche der Gruppe Trinks fest: „Alle genannten Schwierigkeiten sind technisch durchaus überwindlich und die aufzunehmende Mühe ist verhältnismäßig geringfügig und gar nicht zu vergleichen mit dem Aufwand, der aufgeboten werden muss, um mit dem bisher bekannten Verfahren Atomenergie frei zu machen".[7] Dass tatsächlich mit allen Kräften an der Kernfusion gearbeitet wurde, kann man auch daran erkennen, dass Ende September und Anfang Oktober der Arbeitskreis „Hochdruck" in Göttingen und in München tagte.

---

4. *Rainer Karlsch, Hitlers Bombe, DVA 2005, Seite 173*
5. *Rainer Karlsch, Hitlers Bombe, DVA 2005, Seite 142*
6. *Günter Nagel, Wissenschaft für den Krieg, Franz Steiner Verlag Stuttgart 2012, ISBN 978-3-515-10173-8, Seite 159*
7. *Rainer Karlsch, Hitlers Bombe, DVA 2005, Seite 174*

Vertreten waren:

- Die Marineforscher Buchmann, Haxel, Jordan
- Forscher der TH Dresden
- Fachleute der Physikalisch-Technischen Reichsanstalt PTR
- Die Firma Grona aus Göttingen mit ihrem Geschäftsführer Dr. Berthold

Die Firma Grona, welche Mitte 1944 gegründet wurde, arbeitete mit vierzig hochqualifizierten Ingenieuren und Technikern an der Herstellung von Hochdruckkörpern.[8]

Ein weiterer Fortschritt war die Entdeckung der sogenannten Sprengstofflinsen in den Jahren 1943/44. Es existiert dazu auch ein geheimer Bericht aus den Federn Schumanns und Gerd Hinrichs mit dem Titel „Leistungssteigerung von Hohlsprengkörpern durch besondere Zündführung (Linsen)". In Schumanns Nachlass wird die Aufgabe der Sprengstofflinsen folgendermaßen beschrieben: „Eine Glättung der gewünschten kugelförmigen, zum Mittelpunkt hinlauf-

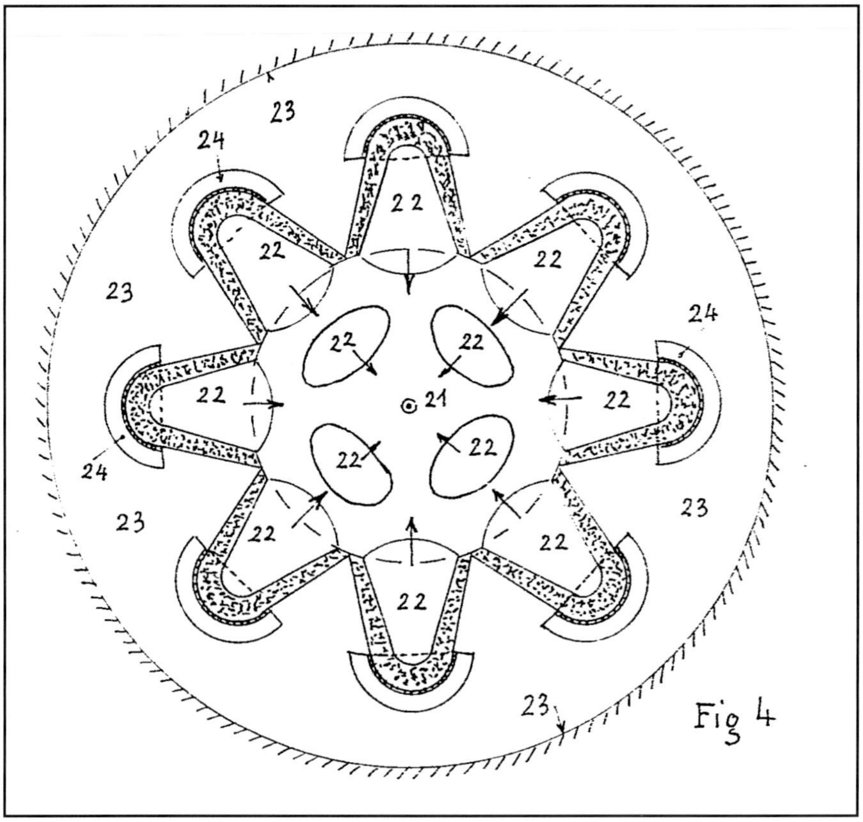

Abbildung der Sprengstofflinsen und die resultierenden Detonationsfronten als Pfeile dargestellt sowie die Zentrierung auf den Mittelpunkt 21. Aus dem französischen Patent FR 1033565A (1951).

8. *Rainer Karlsch, Hitlers Bombe, DVA 2005, Seite 174*

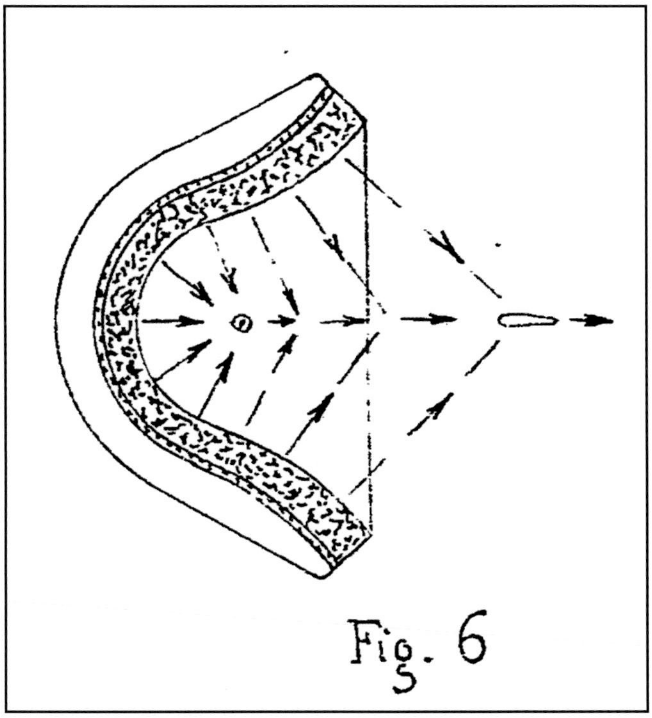

Abbildung einer einzelnen Sprengstofflinse und die resultierende Detonationsfront als Pfeil dargestellt. Aus dem französischen Patent FR 1033565A

enden Detonationsfront ist in Anlehnung an die Optik durch Anwendung von ‚Sprengstofflinsen' möglich." Weitere Einzelheiten können dem Anhang unter „Sprengstofflinsen" entnommen werden.

Zusammenfassung

- Entwicklung von Sprengstofflinsen zur weiteren Fokussierung des Detonationsstrahls
- Entwicklung eines Zündführungssystems unter Trinks
- Durchführung und erste Ergebnisse von Versuchen des HWA zur Ermittlung der optimalen Hohlladungsform
- Durchführung von Arbeitstagungen des „Arbeitskreises Hochdruck" mit Vertretern aus allen wichtigen Arbeitsgruppen
- Schumann sieht den Aufwand für die Kernfusion als wesentlich geringer an als für die Kernspaltung

Die SS kommt ins Spiel

Nachdem Himmler nach dem missglückten Attentat Graf Stauffenbergs vom 20. Juli 1944 zum Befehlshaber des Ersatzheeres (BdE) ernannt worden war, hatte er damit auch die Wehrforschung unter sich. Gegen Ende 1944 wurde die Gruppe um Schumann in ihrer Forschung an der Kernfusion anscheinend von der SS gestoppt, nur Gerlach und Diebner sollten weiter an diesem Problem arbeiten. Gerlach musste Himmler Ende 1944 persönlich Bericht erstatten.[1] Ein Beleg für das Verbot Schumannns zur Weiterführung seiner Forschungen ist sein Brief an Ernst Telschow vom 2. April 1948: „Es war 1944/45 nicht mehr möglich, die bereits vorbereiteten Versuche durchzuführen, denn vom damaligen Minister für Bewaffnung und Munition wurden derartige Versuche nicht unterstützt, ja sogar verboten".[2]

Informationen über die Kernforschung hatte Himmler über Wilhelm Ohnesorge von der Reichspost erhalten. Der „Reichsführer SS" entschied 1943, dass sich fortan ausschließlich seine SS mit der Kernforschung zu beschäftigen habe. Informationen über ihren Stand erhielt Himmler auch über diejenigen Angehörigen der SS, die in den verschiedenen Gremien tätig waren, die sich mit Themen zur Kernforschung auseinandersetzten. Dazu gehörte auch der Direktor an der „Physikalisch-Technischen Reichsanstalt" (PTR) Dr. Hermann Beuthe, da die PTR direkt an dem Uran-Projekt beteiligt war. Nach Abgabe des Uran-Projekts vom HWA an den Reichforschungsrat gehörte die Diebner-Gruppe zur PTR, wo ein reger Informationsaustausch stattfand.[3]

Ein wichtiger Zeuge ist SS-Sturmbannführer (Oberstleutnant) Werner Grothmann (1915 bis 2003), der Chefadjutant Himmlers. Wolf Krotzky führte mit ihm im Jahr 2000 ein ausgedehntes Interview. Aus diesem stammen einige der nachfolgenden Erkenntnisse.[4] So erklärte Grothmann, dass Himmler sich stets über wichtige Vorhaben in Forschung und Entwicklung informieren ließ. Für die Atomforschung besaß die SS inzwischen eine eigene Koordinierungsstelle. Grothmann weiter: „Außerdem habe es etliche Wissenschaftler ge-

---

1. *Rainer Karlsch, Hitlers Bombe, DVA 2005, Seite 205*
2. *Günter Nagel, Wissenschaft für den Krieg, Franz Steiner Verlag Stuttgart 2012, ISBN 978-3-515-10173-8, Seite 209*
3. *Günter Nagel, Himmlers Waffenforscher, Helios Verlag Aachen 2011, ISBN 978-3-86933-068-6, Seite 65*
4. *Günter Nagel, Wissenschaft für den Krieg, Franz Steiner Verlag Stuttgart 2012, ISBN 978-3-515-10173-8, Seite 63, 73*

geben, die bei uns unter Vertrag standen oder an Aufgaben saßen, die mit der Atombombe zu tun hatten". Er nannte die Namen Diebner, Gerlach und Schwietzke. Außerdem habe eine „Gruppe österreichischer Physiker existiert" bzw. „einige Wissenschaftler", mit denen im Januar 1945 in Innsbruck ein „Treffen zur Atomspaltung" stattfand. Laut Grothmann soll im März 1945 ein SS-eigener Uran-Reaktor angelaufen sein.[5] Zur Person Schwietzke folgende Anmerkung: Dr. Werner Schwietzke gehörte zwischen 1940 und 1942 zur Gruppe von Prof. Schumann. Er beschäftigte sich mit der Ultrazentrifuge zur Trennung von Gasgemischen, also der Anreicherung von Uran. Bei den Versuchen Schumanns und Trinks' zu Hohlladungseffekten im Jahre 1944 in Gottow bei Kummersdorf waren auch Schwietzke und Dr. Werner Holtz vom II. Physikalischen Institut der Berliner Universität zugegen.

Trotz oder gerade wegen der umfassenden Informationen über den Stand der Entwicklung der Kerntechnik kam es nach der Übernahme der Wehrforschung durch Himmler zu offiziellen Nachfragen über den Stand der Arbeiten im „Uranverein". Rüstungsminister Albert Speer[6], vor allem aber Gerlach wurde vorgeworfen, die Atomforschung würde nicht energisch genug betrieben. Speer verwies im Gegenzug darauf, dass die Basis für die Forschungsanstrengungen kriegsbedingt „wesentlich schmaler als die unserer Gegner [ist]".[7] Gerlach wiederum erwähnte die „regelmäßigen" Absprachen mit den drei Wehrmachtsteilen und der Waffen-SS und die Arbeiten zur Behebung der Probleme des U-Brenners mit dem Hinweis auf seine „Kernphysikalischen Berichte".[8] Trotzdem berichtet Grothmann, er habe für Gerlach 1944 und 1945 mehrere Termine bei Himmler vereinbart. So gibt Grothmann zu Protokoll, dass „Gerlach [...] als Kapazität auf dem Atomgebiet [galt] und Himmler angeordnet [hatte], dass er jede nur mögliche Unterstützung erhalten sollte, was bestimmt auch geschehen ist".[9] So wurden also die Arbeiten zur Kernfusion fortan durch Gerlach und Diebner unter der Leitung der SS weitergeführt.

---

5. *BAB, R3112/162, Bl.1304*
6. *Im Februar 1942 ernannte Hitler seinen Lieblings-Architekten Albert Speer zum „Reichsminister für Bewaffnung und Munition, Leiter der Organisation Todt und zum Generalinspektor für das deutsche Straßenwesen, Generalinspektor für Festungsbau und Generalinspektor für Wasser und Energie" als Nachfolger des bei einem Flugzeugabsturz ums Leben gekommenen Fritz Todt. Daneben behielt er weiter sein Amt als „Generalbauinspektor für die Reichshauptstadt". Damit gehörte Speer zum engsten Führungskreis des Dritten Reiches.*
7. *Günter Nagel, Himmlers Waffenforscher, Helios Verlag Aachen 2011, ISBN 978-3-86933-068-6, Seite 66*
8. *Günter Nagel, Himmlers Waffenforscher, Helios Verlag Aachen 2011, ISBN 978-3-86933-068-6, Seite 67*
9. *Grothmann Protokolle S.19*

Besuch von Heinrich Himmler (2. von rechts) bei einer Freiwilligen-Einheit der Waffen-SS, 1943. Links Adjutant Werner Grothmann.

Zusammenfassung

- Himmler wird Befehlshaber des Ersatzheeres und Chef der Wehrforschung
- Schumann wird die Forschung zur Kernfusion untersagt
- An der Kernfusion arbeiten nur noch Gerlach und Diebner
- Gerlach und Himmler treffen sich mehrmals
- Grothmann, Chefadjutant Himmlers, weist darauf hin, dass Gerlach jede nur mögliche Unterstützung erhalten soll

Kernwaffentest im Jonastal

Aufgrund der immer häufigeren Luftangriffe durch die Royal Air Force bei Nacht und die 8. USAAF bei Tag auf Berlin war die NS-Führung gezwungen, viele Ämter und Behörden aus der Reichshauptstadt in weniger gefährdete Gebiete ab 1943 auszulagern. Dazu zählten auch viele Forschungseinrichtungen wie das PTR, welches ebenfalls schwer unter den Bombardierungen litt. Das PTR wurde deshalb nach Thüringen verlegt. Für die Diebner-Gruppe fand sich ein passender Standort in einem Schulgebäude in Stadtilm. Zwischen dem Bürgermeister von Stadtilm und Herrmann Göring in dessen Eigenschaft als Präsident des Reichsforschungsrates wurde im September 1944 ein Mietvertrag abgeschlossen. Jedoch begannen die Arbeiten in dem Gebäude schon Anfang Juli, wie sich der Klempnermeister Rundnagel erinnert. Dieser hatte die notwendigen Klempner- und Installationsarbeiten in dem Schulgebäude für die Errichtung der Laboratorien durchzuführen.[1]

Schon Mitte Oktober 1944 teilte der Kommandant des Truppenübungsplatzes Ohrdruf, Generalmajor Günther von Goeckel (1889 bis 1979), mit, dass dieser auf allerhöchsten Befehl von der Wehrmacht zu räumen sei und stattdessen Formationen der SS dort Quartier beziehen würden.[2]

Neben Diebners Leuten wurden weitere Forschungsgruppen nach Thüringen verlegt. Dazu zählten:

- Die Forschungsstelle Lindemayer und die Gruppe von Dr. Ing. Steurer. Verlegung im Januar 1945 von Friedland nach Thüringen. Diese beschäftigten sich mit der Materialprüfung von Raketenteilen und hatten einen Spezialauftrag zur Prüfung der Stabilität von Aluminiumkugeln. Steurer galt als einer der besten Experten auf dem Gebiet der Materialprüfung und für Alu-Legierungen. Diese unterstanden Wernher von Braun.[3]

1. *Günter Nagel, Atomversuche in Deutschland, Heinrich-Jung-Verlagsgesellschaft mbH, 2003, ISBN 3-930588-59-5, Seite 127 - 128*
2. *Edgar Mayer, Thomas Mehner, Das Geheimnis der deutschen Atombombe, Kopp Verlag, 2001, ISBN 3-930219-30-6, Seite 177*
3. *Rainer Karlsch, Hitlers Bombe, DVA 2005, Seite 170, 370*

- Prof. Biermanns mit seiner Technikergruppe vom Hochspannungsinstitut der AEG. Diese waren Gerlach und Diebner unterstellt.[4]

- Eine Gruppe Kernphysiker, ehemals von der TH Berlin.[5]

Am 31. Januar 1944 fuhren Gerlach, Diebner und Wirtz von Berlin aus nach Stadtilm. Im Gepäck befanden sich unter anderem Materialien aus dem KWI für Physik und aus Gottow. Dort waren bereits Gerlach, Haxel und Diebner in geradezu hektische Aktivitäten verfallen, jedoch ohne große Fortschritte bei der Vorbereitung des Reaktorversuchs in der Schule in Stadtilm erzielen zu können.[6] Karlsch weist genauso wie Mayer und Mehner auf den Augenzeugen Rundnagel hin, der weiter oben bereits erwähnt wurde. In den 1960er Jahren versuchte auch das „Ministerium für Staatssicherheit" der 1989/1990 untergegangenen ehemaligen DDR („Stasi") hinter die Geheimnisse des Jonastales zu kommen und vernahm einige Augenzeugen. Dazu gehörte auch der Klempnermeister Rundnagel, dessen Aussagen erhalten geblieben sind. Darin erwähnt er auch, dass ihm gegenüber ein Mitarbeiter von Diebner, ein gewisser Dr. Rehbein, davon sprach, dass hier etwas entwickelt würde, was eine größere Sprengkraft habe als all das, was er sich als Pionier vorstellen könne. Mit einer einzigen Bombe vermöge man im Umkreis von zwanzig Kilometern alles Leben zu vernichten, und wenn es hunderttausend Menschen wären. Rehbein fuhr fort, die ganze Bombe sei nur ein paar Dezimeter groß, wiege aber so um die acht Kilo. Weiter sagte Rundnagel aus, dass sich in einem der zwei Panzerschränke im Keller zwei Atombomben befunden haben sollen. Damit haben wir eine erste Aussage über die Arbeiten, die in Stadtilm durchgeführt wurden, und zwar von Mitarbeitern von Diebner.[7]
Gestützt wird die Aussage durch Horst Kirfes. Er berichtete in sowjetischer Gefangenschaft über die Verlegung von Atomforschern mitsamt der fertigen Bomben aus Berlin Anfang 1945.[8]
Betrachten wir als Nächstes die Vorgesetzten, Wissenschaftler und deren Tätigkeiten, falls diese uns bekannt sind. Nachfolgend die Namen der Weisungsbefugten und Mitarbeiter der einzelnen Gruppen, die sich Anfang 1945 in Stadtilm und Umgebung befanden und die - zumindest theoretisch - damit an einem Kernwaffentest beteiligt gewesen sein konnten.

---

4. *Rainer Karlsch, Hitlers Bombe, DVA 2005, Seite 212*
5. *Günter Nagel, Das geheime deutsche Uranprojekt 1939 - 1945, Heinrich-Jung-Verlagsgesellschaft mbH, 2016, ISBN 978-3-943552-10-2, Seite 277*
6. *Rainer Karlsch, Hitlers Bombe, DVA 2005, Seite 213*
7. *Rainer Karlsch, Hitlers Bombe, DVA 2005, Seite 214*
8. *Rainer Karlsch, Hitlers Bombe, DVA 2005, Seite 224*

Mögliche Mitarbeiter an einem Kernwaffentest

Name	Arbeitsgruppe	Tätigkeit
Heinrich Himmler		Reichsführer SS und Chef der Deutschen Polizei
Hans Kammler		Obergruppenführer und General der Waffen-SS. Leiter Bauwesen der SS
Prof. Dr. Walther Gerlach		Bevollmächtigter für Kernphysik
Dr. Kurt Diebner	Diebner	Chef Arbeitsgruppe im PTR, **Fusions-experimente**
Dr. Georg Hartwig	Diebner	**Fusionsexperimente**
Dr. Walter Herrmann	Diebner	**Fusionsexperimente**
Dr. Fritz Rehbein	Diebner	
Heinz Rackwitz Techniker	Diebner	**Fusionsexperimente**
Dr. Oskar Pfetscher	Diebner	
Dr. Friedrich Berkei	Diebner	Stellvertreter von Diebner
Dr. Otto Haxel	Haxel	Ehemals TH Berlin, Forschung Marine, Deuterium-Experimente
Dr. Helmut Volz	Haxel	Uranprojekt beteiligt, Ausweichstelle Ilmenau
Dr. Luise Schützmeister	Haxel	Uranprojekt beteiligt, Ausweichstelle Ilmenau
Dr. Erika Leimert	Haxel	Uranprojekt beteiligt, Ausweichstelle Ilmenau
Dr. Hirt	Haxel	Uranprojekt beteiligt, Ausweichstelle Ilmenau
Dr. Gerhard Otting	Assistent von Gerlach	?
Prof. Biermanns und Mitarbeiter	AEG Hochspan-nungsinstitut	Gerlach u. Diebner unterstellt, Hochspan-nungsexperimente
Lindemayer	Forschungsstelle	Prüfung Stabilität Aluminium-Kugeln Raketenforschung Wernher von Braun
Dr. Ing. Steurer	Arbeitsgruppe Steurer	Spezialist für Alu-Legierungen

Folgende Bemerkung zu der Tabelle:
Bei der fettgedruckten Anmerkung „Fusionsexperimente“ handelt es sich um den Hinweis, dass die genannten Mitarbeiter bei früheren Fusionsexperimenten beteiligt waren.[9]

Dass Gerlach und Diebner mit den Kernwaffentests etwas zu tun hatten, geht indirekt aus den Tätigkeiten der beiden vor und nach den Tests hervor. Am 28. Februar 1944 fuhren die beiden Wissenschaftler von Berlin nach Ronneburg, wo sich die Ausweichstelle der PTR mit einer Anlage zur Herstellung von Polonium befand. Das Element Polonium ist wichtig für Untersuchungen zur Kernumwandlung. So kann eine kleine Menge davon zusammen mit Beryllium ungefähr 95 Millionen Neutronen pro Sekunde freisetzen. Gerlach forderte vom Leiter der kernphysikalischen Abteilung der PTR, Carl-Friedrich Weiss, den gesamten Vorrat an Polonium und die Neutronenquelle.[10] Am Abend trafen beide in Stadtilm ein. Auch der Generalsekretär der KWG, Ernst Telschow, trat hinzu.

Entwerfen wir eine Chronologie der Ereignisse:

- **2. März 1945:** Treffen Gerlachs mit Prof. Kussmann und Dr. Heß von der PTR in Stadtilm. Kussmann leitet das Magnetik-Labor, Heß ist im Labor für Röntgenspektroskopie tätig.
- **3. März 1945:** Gerlach setzt für Mittag eine Arbeitsbesprechung an.
- **3. März 1945, gegen 21.20 Uhr:** Explosion, erster Test
- **4. März 1945:** Gerlach, Diebner und Telschow fahren nach Haigerloch zur Heisenberg-Gruppe.
- **12. März 1945:** Diebner ist wieder in Thüringen.
- **12. März 1945, gegen 22.15 Uhr:** zweiter Test, jedoch mit geringerer Wirkung.

Diese Termine, die Karlsch teilweise dem Dienstkalender von Gerlach entnahm, lassen nur den Schluss zu, dass zumindest Diebner unmittelbar mit den Tests zu tun hatte, da er bei beiden Testterminen anwesend war. Leider gibt es keinerlei Unterlagen über weitere beteiligte Wissenschaftler bzw. es sind bis heute keine bekannt geworden.

---

9. David Irving, Der Traum von der deutschen Atombombe, rororo Taschenbuch, Mai 1969, Seite 189
10. Rainer Karlsch, Hitlers Bombe, DVA 2005, Seite 211

Nur Werner Grothmann, den wir schon kennengelernt haben, spricht von einem nuklearen Ereignis Anfang März 1945 in Thüringen, bei dem Kriegsgefangene bzw. Häftlinge ums Leben kamen.[11]
Auch aus den vorhandenen Zeugenberichten[12] geht hervor, dass es sich bei den Tests um Nukleartests gehandelt haben muss. Welcher Art diese waren, wollen wir im nächsten Kapitel untersuchen.

Zusammenfassung

- Verlegung der Diebner-Gruppe nach Stadtilm
- Weitere Forschungsgruppen, die sich mit Materialprüfung, Alu-Legierungen und Hochspannung beschäftigten, wurden in den Raum Stadtilm verlegt
- In der Gruppe Diebner befinden sich Wissenschaftler mit Kernfusionserfahrung
- Einige Tage vor den Tests wird von Gerlach und Diebner Polonium und eine Neutronenquelle nach Stadtilm gebracht
- Gerlach und Diebner sind beim ersten Test vor Ort
- Diebner ist am Tag des zweiten Tests vor Ort
- Zeugen schildern Nukleartests

---

11. *Rainer Karlsch, Heiko Petermann (Hrsg.), Für und Wider >Hitlers Bombe<, Waxmann Verlag, 2007, ISBN 978-3-8309-1893-6, Seite 27*
12. *Edgar Mayer & Thomas Mehner, Die Atombombe und das Dritte Reich, Kopp Verlag, 2002, ISBN 3-930219-50-6, Seite 105-107*

Was detonierte in Ohrdruf?

Ende März 1945 erhielt Generalleutnant (1945) Ivan I. Iljitshov (1905 bis 1983), Direktor des Militärgeheimdienstes GRU, in der Sowjetunion, zwei Spionageberichte aus dem Deutschen Reich. Der erste vom 15. November 1944 meldete Vorbereitungen für Versuche mit einer neuen Waffe, welche unter der Kontrolle der SS liefen: „Die Deutschen sind im Begriff, Tests einer neuen Geheimwaffe mit großer Zerstörungskraft durchzuführen. Unter strengster Geheimhaltung werden in Thüringen Versuchsexplosionen von Bomben ungewöhnlicher Konstruktion vorbereitet."[1]

Wichtiger noch als der erste Bericht, der keine Informationen über die Bombenkonstruktion enthielt, war der zweite vom 23. März 1945. Das Datum zeigt, dass dieser nur einige Tage nach den beiden vorangegangenen vom 3. März 1945 und vom 12. März 1945 verfasst wurde. In diesem zweiten Bericht wird ausgeführt: „In der letzten Zeit haben die Deutschen in Thüringen zwei große Explosionen durchgeführt. Sie fanden in einem Waldgebiet unter strengster Geheimhaltung statt."[2] Und weiter heißt es: „Die Bombe enthält vermutlich U 235 und hat ein Gewicht von zwei Tonnen. Sie wurde auf einem speziell dafür konstruierten Flachwagen transportiert. Mit ihr zusammen wurden Tanks mit flüssigem Sauerstoff gebracht. Die Bombe wurde permanent von zwanzig SS-Männern mit Hunden bewacht.
Die Bombenexplosion wurde von einer starken Detonationswelle und der Entwicklung hoher Temperaturen begleitet. Außerdem wurde ein starker radioaktiver Effekt beobachtet."[2]

Nachfolgend werden die für die Rekonstruktion der Bombe bzw. des Bombentyps notwendigen Angaben aufgeführt:
„Die Bombe stellt eine Kugel mit einem Durchmesser von 130 Zentimeter dar.

Die Bombe besteht aus:
1. Einer Hochspannungsentladungsröhre,
   die ihre Energie von speziellen Generatoren bezieht

---

1. Rainer Karlsch, Hitlers Bombe, DVA 2005, Seite 220
2. Rainer Karlsch, Heiko Petermann (Hrsg.), Für und Wider >Hitlers Bombe<, Waxmann Verlag, 2007, ISBN 978-3-8309-1893-6, Seite 25

2. Einer Kugel aus metallischem Uran 235
3. Einem Verzögerer
4. Einem Schutzkasten
5. Dem Sprengstoff
6. Einer Detonationsanlage
5. Einem Stahlmantel

Alle Teile der Bombe werden ineinander montiert.“[2]

Wichtig zum Verständnis sind die Kugelform, die Kühlung, die Kugel aus Uran 235, der Sprengstoff, die dazu gehörige Detonationsanlage und der Stahlmantel.

Karlsch rekonstruiert nun eine Bombe, wobei er sich auf historische Quellen und Informationen von führenden Kernphysikern bezieht.[3]

1. Rekonstruktion

„Im Zentrum befand sich ein kugelförmiger cadmiumbeschichteter Schutzbehälter aus Aluminium. Das Cadmium diente als Neutronenbremse. In dem Behälter waren eine Kugel oder eine Halbschale aus metallischem Uran und der Initiator platziert. Die Hochspannungsentladungsröhre sollte einen Strom schneller Neutronen produzieren, die im spaltbaren Material die Kettenreaktion auslösen sollte.“ Danach wird darauf hingewiesen, dass es wahrscheinlicher ist, dass als Neutronenquelle eine Polonium-Beryllium Quelle verwendet wurde. Diese war die beste damals vorhandene Neutronenquelle. Weiter schreibt Karlsch: „Auf der Cadmiumschicht sollte eine Anzahl Sprengstofflinsen befestigt werden. Zu jeder Sprengstofflinse müssten zwei Elektrozünder (Detonatoren) gehört haben. Das Gebilde mit den zahlreichen kleinen Sprengladungen war mit einer leichten Schutzhülle aus einer Aluminiumlegierung und einer äußeren Hülle aus Stahl überdeckt“.[3]
Nach der Darstellung der Konstruktion wird der Ablauf nach der Zündung beschrieben: „Die synchrone Zündung der Sprengladungen sollte die Urankugel verdichten und die Neutronenquelle aktivieren. Der von ihr ausgelöste Neutronenstrom sollte auf den Spaltstoff einwirken. Die explodierenden Sprengladungen wirkten wie „ein zum Zentrum gerichteter Schlag“, der das U 235 über die kritische Masse brachte. Heute würde man sagen, das Material wurde komprimiert“.[3]
Funktionieren würde eine solche Bombe, Karlsch kommen jedoch

2. Rainer Karlsch, Heiko Petermann (Hrsg.), Für und Wider >Hitlers Bombe<, Waxmann Verlag, 2007, ISBN 978-3-8309-1893-6, Seite 25

3. Rainer Karlsch, Hitlers Bombe, DVA 2005, Seite 229, 230

Zweifel, ob überhaupt genügend hochangereichertes U 235 vorhanden war. Normalerweise wird von einer kritischen Masse von ungefähr 50 Kilogramm U 235 bei einem Anreicherungsgrad von 90 Prozent ausgegangen. Falls U 235 zum Einsatz kam, war es sicherlich nicht eine solche Menge, dieses würde nämlich der Hiroshima-Bombe entsprechen. Die Detonationsstärke in Ohrdruf war jedoch wesentlich geringer. Karlsch zitiert Kurchatov, ab 1943 wissenschaftlicher Leiter des sowjetischen Atomprojektes, der von einer Masse von fünf bis zehn Kilogramm ausging mit einem TNT-Äquivalent von 10 bis 50.000 Tonnen.[4] Jedoch weist er darauf hin, dass auch mit schwächer angereichertem Uran (mindestens zehn Prozent Anreicherungsgrad) eine Kettenreaktion in Gang gesetzt werden kann.[5]

Karlsch macht dann einen Schwenk zu einer Fusionsbombe mit einer kleinen Menge Spaltstoff. Grund dafür ist, dass Schumann und Trinks sich auf Kernfusionsbomben spezialisiert hatten und Gerlach diese Lösungen sicherlich noch verbesserte. Über diese Art von fusionsverstärkten Kernspaltungsbomben wurde auch in den USA nachgedacht.[6]

2. Rekonstruktion

Karlsch zitiert eine Beurteilung von Prof. Friedwardt Winterberg (geboren 1929): „Man hat also eine Schale gehabt aus angereichertem Uran, umgeben von Sprengstoff. Die Hohlladung wird hier nur dazu verwendet, um die Implosion der Kugelschale zu verstärken. Aber die für das Experiment zur Verfügung stehende Menge U 235 wäre alleine noch nicht groß genug gewesen, um als kritische Masse eine Atomexplosion auszulösen. Jetzt hat man diese Neutronenquelle im Zentrum, und dann hat man noch schweren Wasserstoff. Nun ist es durchaus denkbar, dass eine gewisse Kopplung eintritt zwischen einer thermonuklearen Reaktion, die aber noch nicht eine gezündete thermonukleare Reaktion ist, und der Spaltreaktion. Die Energieausbeute fällt in diesem Fall größer aus. Um zu einer echten Atomexplosion zu kommen, hätte noch viel mehr hoch angereichertes Uran verwendet werden müssen. Physikalisch gesehen war das Konzept ziemlich klar.“[7]

---

4. Rainer Karlsch, Hitlers Bombe, DVA 2005, Seite 232
5. Rainer Karlsch, Hitlers Bombe, DVA 2005, Seite 232
6. Rainer Karlsch, Hitlers Bombe, DVA 2005, Seite 234
7. Rainer Karlsch, Hitlers Bombe, DVA 2005, Seite 283

3. Rekonstruktion

Nach einer öffentlichen Diskussion in Ohrdruf beim Jonastalverein verfasste Karlsch einen Bericht über seine neuen Erkenntnisse. Dabei stellte er fest, dass keine Kernspaltungsbombe getestet wurde. Vielmehr geht er davon aus, dass es sich um eine chemisch gezündete Fusion gehandelt haben müsse. Unter anderem zitiert er das Nachkriegspatent von Schumann und Trinks über die Fusion von leichten Elementen und einem Tamper aus Uran U 238. Dabei erfolgte im U 238-Mantel eine Spaltung des darin zu 0,7 Prozent enthaltenen U 235.[8]

4. Rekonstruktion

Kehren wir noch einmal kurz zu dem Buch Karlschs über „Hitlers Bombe“ zurück. Dort schreibt er am Ende des Kapitels über den Kernwaffentest auf den Seiten 234 und 235, dass den Wissenschaftlern eine gewisse Menge angereichertes U 235 zur Verfügung stand. Dieser Spaltstoff wäre dann in Form von Halbschalen, einer Platte oder Ellipse gegossen und nahe dem Zentrum einer zylinderförmigen Anordnung platziert worden. Im Reaktionszentrum waren kleine Mengen Lithium-Deuterid oder Lithium-Hydrit und eine etwa haselnussgroße Polonium-Beryllium-Quelle. An den Enden des Zylinders befand sich hochbrisanter Sprengstoff in Form von Hohlladungen. Die Energie dieses Sprengstoffes war auf den Mittelpunkt des Zylinders gerichtet. Bei dieser Beschreibung weicht Karlsch von der vorherigen ab und gibt größtenteils die Konstruktion der Kernwaffe nach dem Patent Nr. 977 825 von Schumann und Trinks wieder. Zur Veranschaulichung die nachfolgende Abbildung aus dem Patent:

8. *Rainer Karlsch, Viel Lärm um nichts? Was geschah im März 1945 auf dem Truppenübungsplatz in Ohrdruf, zu finden im Internet unter: http://www.jonastal.de/index.php/archiv/berichte/418-viel-laerm-um-nichts-was-geschah-im-maerz-1945-auf-dem-truppenuebungsplatz-in-ohrdruf*

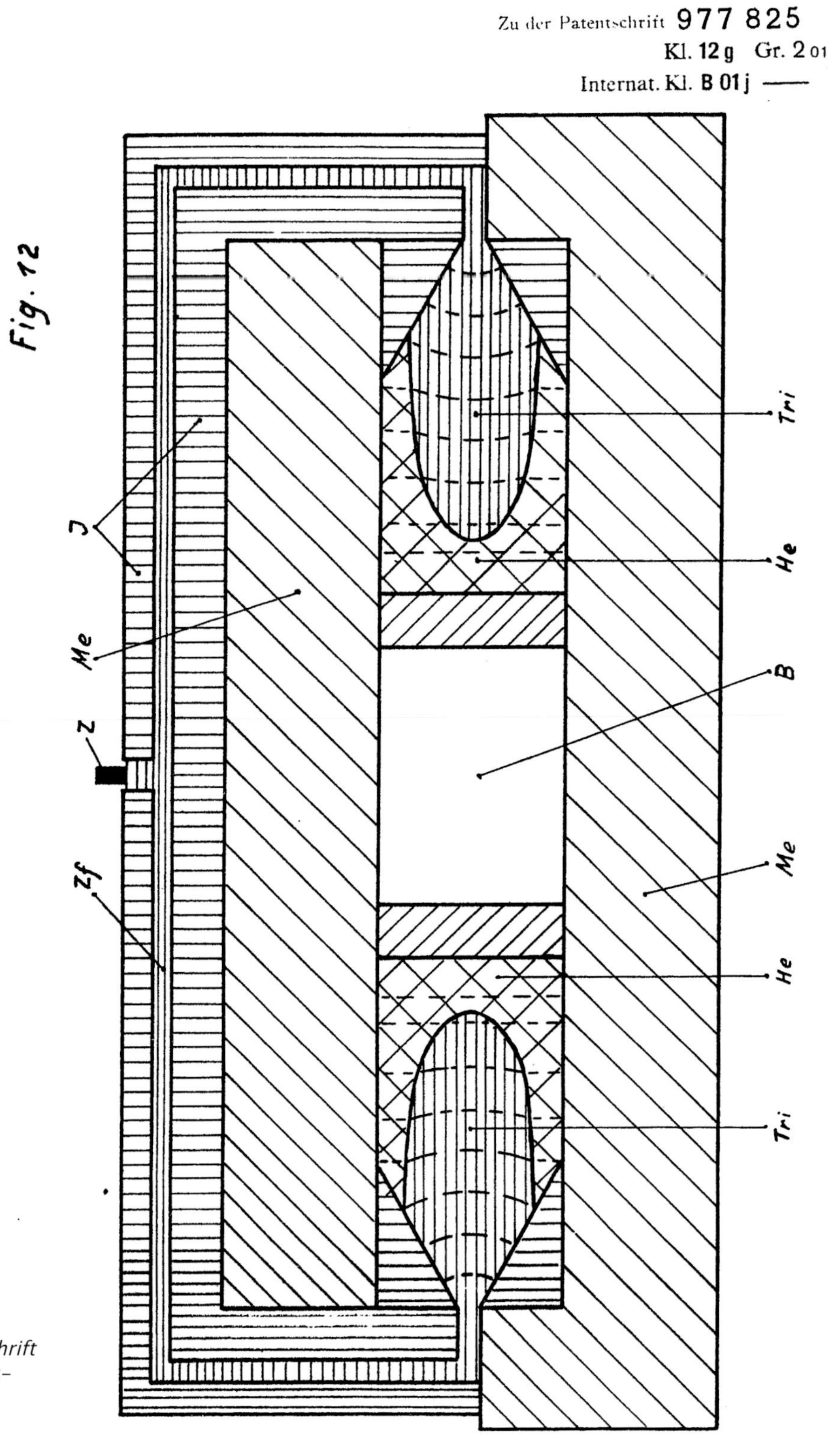

Figur 12 aus Patentschrift 977 825. Zwei Sprengstoffkörper in einem Hohlzylinder.

Der Aufbau der Druckkammer sieht laut Patent folgendermaßen aus: In die Druckkammer wird das Deuterium eingefüllt. Zusätzlich schlägt Schumann neben der Befüllung mit Deuterium weitere leichte Elemente vor, die hinzugefügt werden sollten. Die Innenwand soll zum Beispiel mit Lithium-Hydrid (LiD) beschichtet werden. Lithium reagiert mit den Neutronen aus der Fusionsreaktion und erzeugt zusätzliche Energie. Auf der Wandung der Druckkammer befinden sich zusätzlich eine Schicht Uran unter einer Schicht Graphit. Die bei der Fusion erzeugten Neutronen werden laut Patent im Graphit abgebremst und zu sogenannten thermischen Neutronen, die dann im Uran das U 235 spalten. Die beiden Sprengstoffkörper sind als Sprengstofflinsen ausgeführt. Durch die bei der Detonation entstehende zylindrische Detonationsfront kommt es zu hohen Temperaturen und Drücken. Dadurch werden Fusionsvorgänge ausgelöst (Anmerkung des Autors: Dieses Patent erinnert an das AEG-Patent von 1934 und an die Versuche von Carl Ramsauer; ein Hinweis dazu steht auch im Patent).
Karlsch verändert diese Anordnung, indem er das Uran als Halbschale, Platte oder Ellipse in die Druckkammer einbringt und im Reaktionszentrum noch eine zusätzliche Neutronenquelle installiert. Damit weicht er allerdings von der Beschreibung im GRU-Bericht ab, da er keine Kugel als Bombenform verwendet. Zusätzlich geht Karlsch davon aus, dass eine unterkritische Masse detoniert ist und berücksichtigt dabei nicht die Reduzierung der kritischen Masse durch den Kompressionsvorgang.

5. Rekonstruktion

Hier verlassen wir die Bücher und Informationen von Karlsch und wenden uns einem Beitrag von Kurt Diebner zu. Er stammt vom März 1962 und trägt den Titel „Fusionsprozesse mit Hilfe konvergenter Stoßwellen - einige ältere und neuere Versuche und Überlegungen“. Diebner stellt hier die Möglichkeiten von konvergenten Stoßwellen vor, um Fusionsvorgänge auszulösen. Dabei werden verschiedene Anordnungen betrachtet. In dem Artikel wird eine Anordnung dargestellt, die dem Aufbau der Ohrdrufer Bombe nach Meinung des Autors recht nahekommt. Nachfolgend die Abbildung dieser Anordnung.

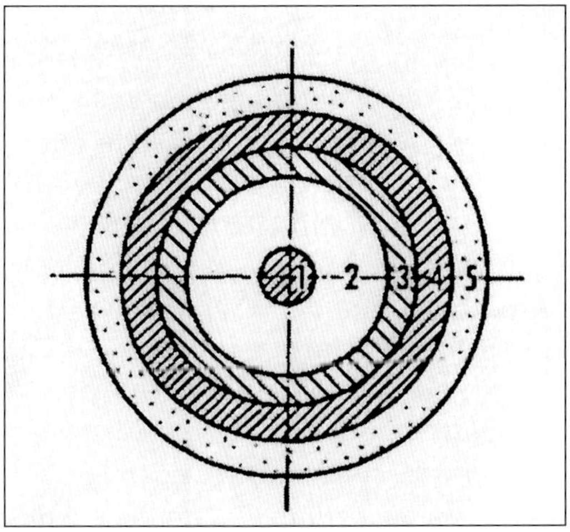

Kugelschalenanordnung von Kernspaltstoff (3) und gewöhnlichem Sprengstoff (4), die in der Verdämmung (5) eingeschlossen sind. Im Hohlraum (2) der Schichtfolge befindet sich gasförmiges Deuterium bzw. ein Deuterium-Tritium-Gemisch. Das Reaktionsvolumen ist wieder (1). Die Schale (3) ist so dimensioniert, dass der Kernspaltstoff erst dann eine kritische Anordnung darstellt, wenn durch die Detonation der Schale (4) eine Stoßwelle die Hohlkugel in der Nähe des Konvergenzzentrums zu einem kompakten Gebilde zusammenschiebt.

Hier haben wir eine Anordnung, bei der der Kernspaltstoff U 235 von Sprengstoff umgeben ist. Die nächste Schicht zum Konvergenzzentrum hin ist das gasförmige Gemisch für den Fusionsvorgang. Im Konvergenzzentrum soll dann die Detonation erfolgen.
Betrachten wir die einzelnen Schritte, die Diebner darstellte, nochmals und etwas ausführlicher:

- Als Erstes wird der Sprengstoff in der Schale 4 zur Explosion gebracht. Dadurch entsteht eine Detonationswelle, die zum Zentrum, Reaktionszentrum genannt, gerichtet ist
- Der Kernspaltstoff in Schale 3 wird ebenfalls zum Reaktionszentrum beschleunigt und verdichtet
- Das im Hohlraum 2 befindliche Deuterium-Tritium-Gemisch wird ebenfalls zum Reaktionszentrum hin beschleunigt
- Durch diese Vorgänge erhöhen sich der Druck und die Temperatur enorm
- Im Reaktionszentrum wird die kritische Masse des U 235 erreicht. Eine Kerndetonation wird ausgelöst
- Durch diese Kerndetonation steigt die Temperatur im Reaktionszentrum so weit an, dass in dem Deuterium-Tritium-Gemisch Fusionsvorgänge ausgelöst werden

Was noch fehlt, damit der Aufbau dem GRU-Bericht entspricht, ist die Hochspannungsentladeröhre. Dazu findet man in dem Artikel auch eine entsprechende Zeichnung.

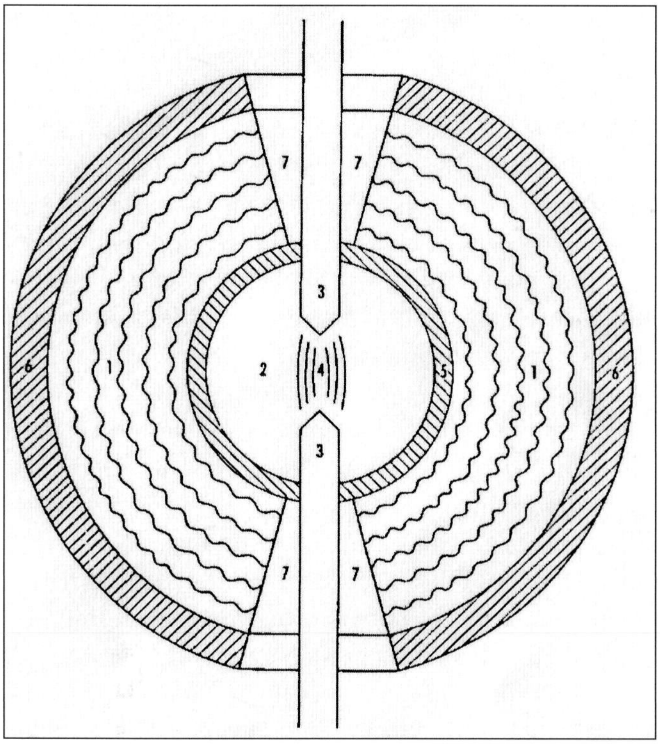

Anordnung zur Kombination einer konvergenten Stoßwelle mit einer Hochspannungskondensatorentladung über einen Lichtbogen im Konvergenzzentrum. (1) Sprengstoffladung. (2) Mit Deuterium oder einem Deuterium-Tritium-Gemisch gefüllter Gasraum, (3) isolierte Elektroden, (4) Lichtbogen, (5) Hochdruckbehälter für das eingeschlossene Gas, (6) Verdämmung, (7) Einführung für (3).
(Anmerkung des Autors: Originalkommentar zu der Abbildung)

Kurt Diebner beschreibt nun, dass bei ausschließlichem Einsatz von Sprengstoffen zur Erreichung von Fusionstemperaturen sehr große Sprengstoffmengen und große Dimensionen des Sprengkörpers notwendig sind. Ein Ausweg aus diesem Dilemma ergibt sich durch die Verwendung von Gasentladungen. Diebner schreibt in seinem Artikel: „Andererseits hatten die ersten Versuche mit konzentrischen Gasentladungen unter Ausnutzung des Pincheffektes (Erklärung siehe Anhang) in kleinen Raumbereichen hochionisierte Plasmen mit Temperaturen von der Größenordnung Millionen Grad K geliefert. Auf Grund dieser Ergebnisse wurde vorgeschlagen, durch eine Kombination von elektrischen Gasentladungen, konvergenten Stoßwellen und Funkenentladungen in zeitlicher und räumlicher Reihenfolge die temperatursteigernden Effekte in einem thermonuklearen Kernbrennstoff zu überlagern und damit Verschmelzungsreaktionen auszulösen."[9] Die Elektroden sollen aus Lithium 6 bestehen, da dieses wegen seiner kleinen Ladungszahl bezüglich der Abstrahlungsverluste Vorteile bietet und gleichzeitig ein fusionsfähiges Isotop ist. Zusätzlich kann über den Lichtbogen ein Hochspannungskondensator mit großer Kapazität entladen werden. Zu den Aufheizungsschritten führt Diebner weiter aus: „Die zeitliche Rei-

9. Zeitschrift Kerntechnik, 3, März 1962, Kurt Diebner, Fusionsprozesse mit Hilfe konvergenter Stoßwellen - einige ältere und neuere Versuche und Überlegungen, Seite 89-93

henfolge der Aufheizungsverfahrensschritte ist von entscheidender Bedeutung. Zunächst wird durch die allseitig gleichzeitige Zündung der Hohlladung eine auf den im Zentrum brennenden Lichtbogen gerichtete konvergente Stoßwelle ausgelöst. Sobald diese Stoßwelle in unmittelbarer Nähe des Zentrums eingetroffen ist, wird der Kondensator über den Lichtbogen kurzgeschlossen. Da das Fusionsgas im Lichtbogen weitgehend vor-ionisiert ist, wird dem Gas im Konvergenzzentrum die im Kondensator gespeicherte Energie zumindest teilweise rasch zugeführt. Überdies wird im Augenblick des Spaltvorganges durch magnetische Wirkungen im Entladungskanal eine adiabatische (Anmerkung des Autors: Es findet hier kein Wärmeaustausch statt) Kontraktion des hochionisierten Plasmas im Sinne des Pinch-Effektes ausgelöst, die ebenfalls temperaturerhöhend wirkt (Anmerkung des Autors: Man denke an Ronald Richter und sein Lichtbogenplasma). Diese Anordnung hat gegenüber den bisher diskutierten Methoden hinsichtlich der erforderlichen Sprengstoffmenge und der notwendigen Größe wesentliche Vorteile."[9] Damit ist die Konstruktionsbeschreibung der eigentlichen Fusionsbombe abgeschlossen. Da jedoch in dem GRU-Bericht vom 23. März 1945 auch von „metallischem Uran 235" die Rede ist, nehmen wir diese Konstruktion zum Vorbild und erweitern sie um die

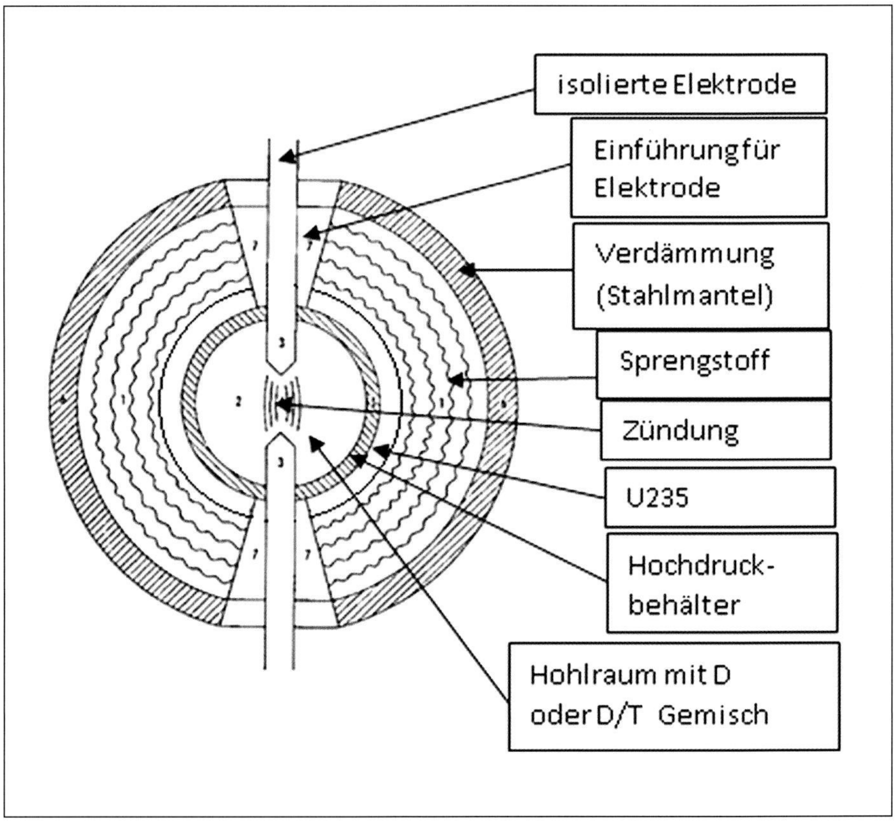

Darstellung der Konstruktion der in Ohrdruf detonierten Bombe nach den GRU-Berichten

Uran-Komponente. Benutzen können wir dabei den Bombenaufbau gemäß Abbildung auf Seite 49 und erweitern ihn um die U 235-Schicht in der Abbildung.
Damit wäre der prinzipielle Aufbau der Bombe geklärt. Es bleiben natürlich noch einige Fragen offen, die wir als Nächstes diskutieren wollen.

Als Erstes stellt sich in diesem Zusammenhang die Frage, welches Fusionsgas verwendet wurde: reines Deuterium oder ein Deuterium-Tritium-Gemisch? Dazu sollte man die Zündtemperatur betrachten. Unter der Zündtemperatur versteht man diejenige Temperatur, bei der die Energieproduktion durch den Fusionsvorgang den Energieverlust durch die Abstrahlung übertrifft. Bei reinem Deuterium liegt die Zündtemperatur bei ca. 500 Millionen Kelvin (K). Bei einem Deuterium-Tritium-Gemisch bei etwa 50 Millionen K. Damit ist diese Frage wohl beantwortet. Um sicherzugehen, dass eine Kernfusion ausgelöst wird, ist daher das Deuterium-Tritium-Gemisch zu verwenden. Das verwendete Gas sollte zudem eine hohe Dichte aufweisen, die dadurch erreicht werden kann, dass man es stark komprimiert und/oder es auf eine niedrige Temperatur abkühlt. Für die Ohrdruf-Bombe wurde, folgt man dem Inhalt und der Logik des GRU-Berichts, gekühltes Gas verwendet, denn hier ist von „Tanks mit flüssigem Sauerstoff" die Rede.

Die zweite Frage: Wenn U 235 verwendet wurde, wie hoch war dieses dann angereichert? Das natürliche Uran 238 enthält zu nur 0,7 Prozent U 235. Dass mit Ultrazentrifugen Uran angereichert wurde, ist bekannt. So gibt Paul Harteck in seinem Beitrag „Isotopentrennung in technischem Maßstabe", der 1948 in dem Periodikum „FIAT Review of German Science" erschien, an, dass einige hundert Gramm angereichertes U 235 produziert wurden. Dabei konnte um die fünf Prozent angereichert werden.[10] Ob damit jedoch die wirklichen Mengen und Anreicherungsgrade angegeben wurden, darf bezweifelt werden, da durch das wiederholte Einspeisen des angereicherten Urans in die Ultrazentrifugen der Anreicherungsgrad gesteigert wird. Daneben gab es noch weitere Verfahren, mit denen experimentiert wurde, bei denen jedoch keine Ergebnisse erzielt wurden. Man kann nach dem bisher Geschilderten jedoch davon ausgehen, dass Diebner für seinen Versuch angereichertes U 235 zur Verfügung stand. Über die Menge und den Anreicherungsgrad können jedoch keine Angaben gemacht werden.

---

10. FIAT Review Of German Science 1939 - 1946, Nuclear Physics and Cosmic Rays Part II, Seite 189, 190

Ultrazentrifuge im Deutschen Museum in München

Die nächste Frage, die in diesem Zusammenhang auftaucht, zielt darauf ab, ob dieses so wenig und so schwach angereicherte U 235 zu einer Kernspaltung überhaupt fähig war. Beginnen wir mit dem Anreicherungsgrad. Dazu zitiert Karlsch den russischen Professor Vladimir Mineev (geboren 1945), der jahrelang in der russischen Kernwaffenentwicklung tätig war. Mineev weist darauf hin, dass bei Hybridkonfigurationen (kombinierte Kernspaltungs- und Kernfusionsbombe) bereits ein Anreicherungsgrad von 40 Prozent ausreichend wäre.[11]
Damit ware es also möglich, dass Uran 235 mit geringem Anreicherungsgrad verwendet wurde. Kommen wir nun zu der erforderlichen Menge des angereicherten spaltbaren Materials. Offiziell standen Diebner nur einige hundert Gramm zur Verfügung, wenn wir der Argumentation Hartecks folgen. Hier ist allerdings ein anderer Lösungsansatz möglich: Infolge des Umstands, dass das U 235 bei der Detonation komprimiert wurde, sank die dazu notwendige kritische Masse rapide ab und hätte damit den Bereich von mehreren hundert Gramm erreicht und wäre dann immer noch funktionsfähig (siehe: „Kritische Masse und deren Verringerung“).

Aus derzeit zugänglichen Quellen wurde versucht, die in Ohrdruf zur Detonation gebrachte Kernwaffe zu rekonstruieren. Grundlage dazu ist vor allem der schon öfters erwähnte GRU-Bericht. Gehen wir davon aus, dass dieser in seinen wesentlichen Aussagen stimmt, so könnte diese Kernwaffe analog der „fünften Rekonstruktion“ (siehe S. 47) aufgebaut sein. Es handelt sich also um eine sogenannte „fusionsverstärkte Kernspaltungsbombe“, bestehend aus einem Kernspaltungs- und einem Kernfusionsanteil. Dabei wird die Kernspaltung durch die bei der Kernfusion entstehenden Neutronen unterstützt.

Dass nicht nur den Sowjets aufgrund des GRU-Berichts der Aufbau der in Ohrdruf explodierten Kernwaffe in groben Umrissen bekannt war, sondern dass auch die Japaner und die westlichen Alliierten über die deutschen Kernwaffenforschungen und den Aufbau der Kernwaffe informiert waren, geht aus folgender, inzwischen freigegebenen entschlüsselten Nachricht der japanischen Botschaft in Stockholm nach Tokio hervor. Die Nachricht hat die Aktennummer 232 und stammt vom 9. Dezember 1944, also aus der Zeit vor dem Test in Ohrdruf. Die Geheimhaltung wurde am 1. Oktober 1978 aufgehoben. Die Unterlagen werden im Nationalarchiv der USA unter dem Aktenzeichen „RG 0457, National Security Agency/Central Se-

11. Rainer Karlsch, Heiko Petermann (Hrsg.), Für und Wider >Hitlers Bombe<, Waxmann Verlag, 2007, ISBN 978-3-8309-1893-6, Seite 12

curity Service, Entry #A1 9004, Japanese Army Attache Messages Translations, SRA 14,200 thru 15,000" aufbewahrt. Die Überschrift lautet: „Reports on the atom-splitting bomb", also Kernspaltungsbombe. In dem Dokument wird auf eine neue Art von Waffen hingewiesen, die angeblich im Raum Kursk (!) von den Deutschen eingesetzt wurden. Dieses ist - falls mit „neuer Art von Waffen bei Kursk" Kernwaffen gemeint sein sollen - nach heutigen Erkenntnissen indes völliger Unfug! Im letzten Abschnitt des abgefangenen Telegramms beziehen sich die nachfolgenden Informationen auf englische Tageszeitungen. Es heißt dort im Originaltext:
„According to English newspaper accounts, the German atom-splitting device is the NEUMAN disintegrator.
Enormous energy is directed into the central part of the atom and this generates an atomic pressure of several tens of thousands of tons per square inch. This device can split the relatively unstable atoms of such elements as Uranium."

Übersetzt heißt das:
„Bezogen auf Artikel in englischen Tageszeitungen ist die deutsche Kernspaltungsvorrichtung der NEUMAN-Desintegrator. Ungeheure Energie wird in den Kern des Atoms geleitet, wodurch ein atomarer Druck von zehntausenden Tonnen pro Quadratzoll erzeugt wird. Diese Vorrichtung kann die relativ instabilen Atome von Elementen wie Uran spalten."[12]

Wie man an der Beschreibung erkennt, werden die beiden Vorgänge zur Erzeugung von hohem Druck und die Auslösung einer Kernspaltung genau beschrieben. Die Alliierten wussten folglich über die prinzipielle Funktionsweise der deutschen Kernwaffe genau Bescheid.

Zusammenfassung

- Eine Rekonstruktion nach den vorliegenden Unterlagen und Berichten ist möglich
- In Ohrdruf detonierte eine Kernwaffe
- Bei dieser Kernwaffe handelte es sich um eine „Fusionsverstärkte Kernspaltungsbombe" (boosted fission weapon)
- Damit wurde in Deutschland weltweit das erste Mal eine solche Waffe gezündet

12. *Edgar Mayer & Thomas Mehner, Hitler und die Bombe, Kopp Verlag, ISBN 3-930219-43-3, Seite 110 - 114*

Zünderproblematik

Ein weiterer wichtiger Punkt, damit die „fusionsverstärkte Kernspaltungsbombe" überhaupt richtig und mit maximaler Energie funktionieren kann, ist die möglichst gleichzeitige Zündung der einzelnen, die eigentliche Kernwaffe auslösenden Initialladungen. Denn nur, wenn diese gleichzeitig detonieren, ist eine möglichst symmetrische Implosion möglich. Diese Problematik war auch den deutschen Wissenschaftlern bekannt. Jedoch sah Schumann das Problem durch die Trinks-Gruppe als gelöst an.[1]

Im Manuskript seines unveröffentlichten Buches nannte Schumann diese Zündführung „X-Zündung". In seinem Patent 977 825 aus dem Jahr 1952 geht Schumann auf Seite 7 auf die Notwendigkeit der gleichzeitigen Zündung ein. Er schlägt vor, die Zündung an möglichst vielen Einzelpunkten durchzuführen. Dazu beschreibt er eine Zündanordnung mit detonierenden Zündschnüren. Von Hilfszündpunkten aus sollen dann gleichlange Stücke der Zündschnur zu den Zündpunkten führen.

Zündführung laut Patent 977 825: In der Abbildung sind die Zündhilfspunkte mit „ZH" bezeichnet und die einzelnen Zündpunkte mit „Z". Die gleiche Länge der Zündschnüre von den Zündhilfspunkten aus ist erkennbar.

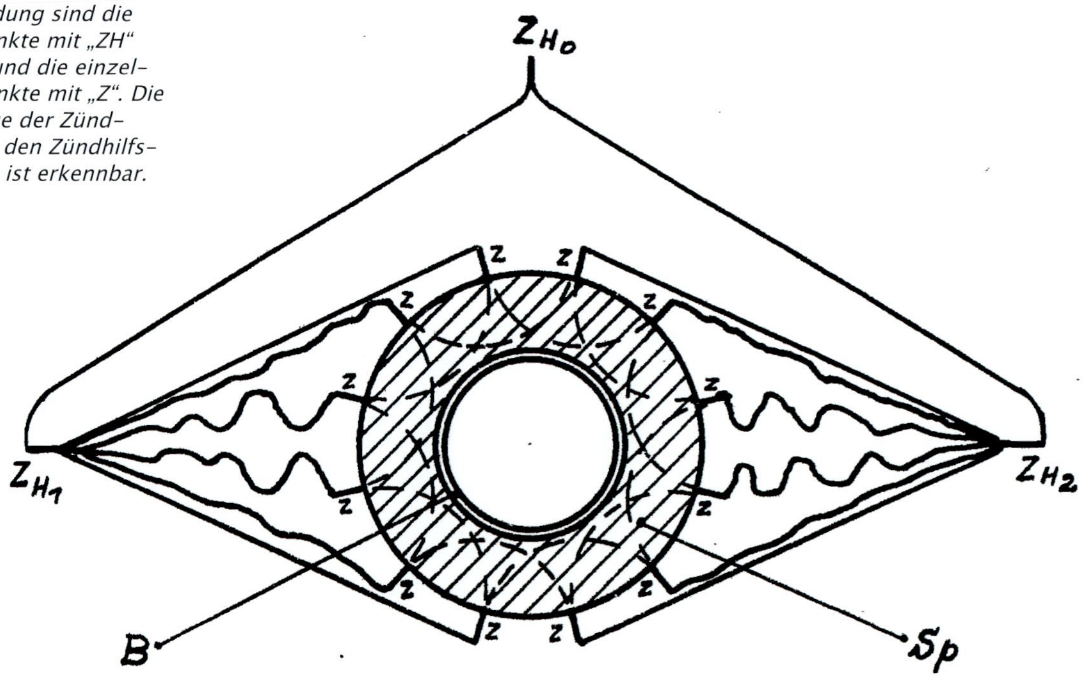

1. Rainer Karlsch, Hitlers Bombe, DVA 2005, Seite 229

Schumann geht in dem Patent auch auf elektrische Zünder ein und verweist darauf, dass sie nur geringe Verzögerungszeiten aufweisen dürfen und diese zudem konstant sein müssen. So betont er, dass bereits eine Zeitdifferenz von einer millionstel Sekunde einem Weg der Detonationsfront von rund einem Zentimeter entspricht. Auch die Länge der Zündschnur von einem Zentimeter entspricht dieser millionstel Sekunde. Daher weist Schumann auf die Verwendung einer Zündschnur hin, da eine solche eine gute Genauigkeit erzielt. Aus Sicherheitsgründen wäre es auch möglich, mehrere Zündschnüre pro Übertragungsweg zu verwenden. In dem Buch von Gerulf von Schwarzenbeck „Verschwörung Jonastal" verweist Thomas Mehner auf einen Zeugen, der von 1942 bis 1945 für die SS arbeitete und Spezialist für Sonderzünder gewesen sei. Die Zünder wären einzeln gefertigt worden und sollen vom Aufbau sehr komplex gewesen sein, so dass die Herstellung eines Zünders eine Woche gedauert hätte. Pro Bombe sollen mehrere solcher Zünder verwendet worden sein. Insgesamt wurden vermutlich über hundert Zünder ausgeliefert. Die Funktionsweise wird folgendermaßen beschrieben: „Eine hochbrisante Sprengladung soll die eigentliche Zündspitze mit hoher Geschwindigkeit durch einen Kanal auf den zu zündenden Stoff treiben. Verwendet werden sollten mehrere dieser Zünder, die synchronisiert gezündet wurden. Erst durch Zusammentreffen des Zünderkegels mit dem Stoff soll dieser dann zur Explosion gebracht worden sein".[2]

Krytron aus dem Datenblatt der Firma EG&G

Leider ist nichts Genaueres zu der Wirkungsweise zu erfahren. Deshalb ist es interessant, sich die Funktionsweise dieser Zünder anzusehen, die bis in die 1970er Jahre eingesetzt wurden. Dass diese von so grundlegender Wichtigkeit für den Bau einer Kernwaffe waren, geht allein schon aus dem Umstand hervor, dass sehr viele solcher Zünder illegal in Staaten gelangten - oder gelangen sollten, aber abgefangen wurden -, die eigene Kernwaffen entwickeln woll(t)en. Im Mittelpunkt steht dabei die sogenannte Krytronröhre, auch Krytron genannt. Dabei handelt es sich um sehr schnelle Schalter, die bei Betriebsspannungen von 400 bis 5.000 Volt arbeiten und Anstiegs- und Abfallzeiten von 40 und 5 Nanosekunden besitzen. Hergestellt werden diese in den USA. Zwischen 1979 und 1983 wurden aus den USA 800 solcher Krytrone nach Israel geschmuggelt.

2. Gerulf von Schwarzenbeck, Verschwörung Jonastal, Jochen Kopp Verlag 2005, ISBN 3-938516-01-1, Seite 175

Zünderprobleme auch beim Manhattan-Projekt

Wir wechseln jetzt den Kontinent, um zu zeigen, dass auch die Amerikaner bei ihrem „Manhattan-Projekt“ die gleichen Schwierigkeiten mit den Zündern hatten. Um die Problematik zu verstehen, müssen wir uns den Aufbau einer Plutoniumbombe ansehen. Im Gegensatz zu dem bei einer reinen Uranbombe verwendeten Kanonenprinzip, bei dem ein Masseteil in einen anderen geschossen und so die kritische Masse erreicht wird, so dass die Kettenreaktion einsetzt und die Uranbombe damit detoniert (siehe Abbildung), ist dieses bei einer Atombombe mit Plutonium als Spaltstoff nicht möglich. Der Grund ist, dass die Explosionsgeschwindigkeit von Plutonium 100 Millionen mal schneller ist als die von U 235. Bei U 235 reichte also die Geschwindigkeit von ca. 914 m/Sek, mit der ein Masseteil U 235 auf das andere geschossen wurde, aus.

Darstellung des Kanonenprinzips. Mit Hilfe des Treibsatzes 1 wird ein Uranprojektil 2 in das Uran-Ziel 5 geschossen.

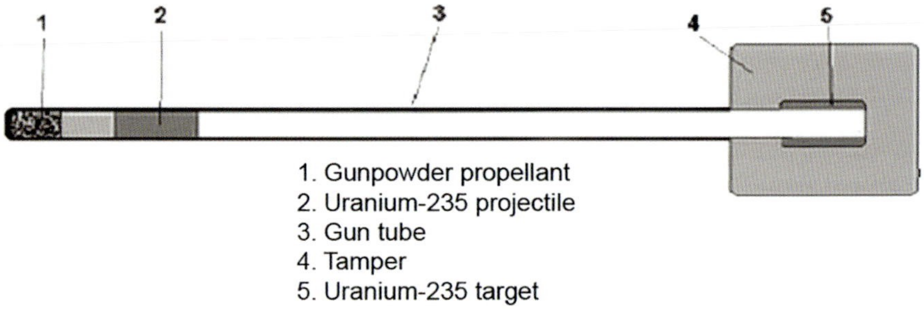

Daher wurde für die Plutoniumbombe von den Amerikanern ein anderes Prinzip gewählt. Wie bei unserer fusionsverstärkten Kernspaltungsbombe dargestellt (siehe auch die Beschreibung auf Seite 59), wird durch die Auslösung einer Detonation in der Bombe eine Detonationswelle erzeugt, die zum Zentrum – „Reaktionszentrum“ genannt – gerichtet ist (Implosionsmethode). Jetzt wird der Kernspaltstoff ebenfalls zum Reaktionszentrum hin beschleunigt und verdichtet, bis er die kritische Masse erreicht und detoniert (siehe folgende Abbildung).

Darstellung der Plutoniumbombe. Die roten Rechtecke stellen die einzelnen Detonationsladungen dar.

Um eine gleichmäßige Detonationswelle zu erzeugen, ist die gleichzeitige Zündung des Detonationsstoffes, wie im vorherigen Kapitel beschrieben, unbedingt notwendig, sonst würde der Vorgang nicht einsetzen.

In dem Buch „Critical Mass" von Carter Plymton Hydrick[1] geht der Autor auf dieses Problem ein und beschreibt einen aus seiner Sicht möglichen Lösungsansatz. So waren 32 Zünder für die gleichzeitige Zündung vorgesehen. Dabei durfte die maximale Zeitdifferenz zwischen den einzelnen Zündungen nur 1/50.000 Sekunde betragen. Bis Oktober 1944 konnte das Problem nicht gelöst werden. Daraufhin setzte Robert Oppenheimer, der wissenschaftliche Leiter des „Manhattan-Projekts", eine Arbeitsgruppe ein, die diese Herausforderung meistern sollte. Gruppenleiter des Dreimannteams war Luis Alvarez (1911 bis 1988), der zu einem der größten Helden der Atombombengeschichte wurde, als er diese enorme Aufgabe in den letzten Tagen vor dem „Trinity"-Test (weltweit erste Detonation einer Plutoniumbombe) meisterte. Die Lösung dieses Problems ist laut Hydricks Spekulationen auf den mit dem Unterseeboot U-234 am 19. Mai 1945 - also knapp zwei Wochen nach der bedingungslosen Kapitulation der Wehrmacht - in die USA gelangten Dr. Ing Heinz Schlicke (1912 bis 2006) zurückzuführen. Schlicke war Marinebaurat und beschäftigte sich unter anderem auch mit der Proble-

1. *Carter Plymton Hydrick, Critical Mass, Trine Day LLC, ISBN 978-1-63424-117-5, Seite 104*

matik von Zündern. Da zur Zeit der Ankunft von U-234 das Zünderproblem noch nicht gelöst war, suchte Alvarez immer noch nach einer Vorrichtung, welche mehrere Zünder gleichzeitig zünden konnte. Schlicke hatte sich mit Zündmechanismen beschäftigt, die mit ultraviolettem Licht sowie mit Infrarotwellen arbeiteten. In seinen von den Amerikanern beschlagnahmten Unterlagen befand sich ein Bericht über „Die Untersuchung über die Verwendbarkeit von ultraviolettem (unsichtbarem) Licht für die Übertragung von Informationen oder Kommandos und besonders für die ferngesteuerte Zündung von Gefechtsköpfen".[2]
Die Infrarot-Zünder wurden innerhalb von fünf Tagen auf dem U-Boot sichergestellt. Da Schlicke wusste, wie mit den Zündern umzugehen war, wurde er mit dem Flugzeug nach Portsmouth gebracht. Dort wurde er von einem gewissen Mr. Alvarez verhört. Dass ein Wissenschaftler dieses Namens dort tätig war, wurde auch vom General der Flieger Ulrich Kessler (1894 bis 1983), welcher ebenfalls auf U-234 als Passagier fuhr, sowie von dem U-Boot-Kommandanten namens Fehler bestätigt. Hydrick zieht nun den Schluss, dass es sich bei diesem Alvarez um denselben Alvarez handeln könnte, der in dem Dreimannteam an der Lösung des Zünderproblems arbeitete. Da die Übertragungsgeschwindigkeit bei infrarotem bzw. ultraviolettem Licht bekanntlich die Lichtgeschwindigkeit ist, sollte die Zeitdifferenz zwischen dem Auslösen der einzelnen Zünder gelöst sein, so die Spekulation Hydricks. Hydrick führt nun als weiteres Indiz für seine Vermutung auf, dass laut der Beschreibung von Harlow Russ in seinem Buch „Project Alberta" Umbauten an der Bombe erst in letzter Minute durchgeführt wurden. Diese Änderungen, so Hydricks Schlussfolgerung, hätten dazu geführt, dass Infrarot-Zünder eingebaut worden seien. Ein weiterer Beweis ist für ihn das Statement von Alvarez selbst über die Lösung des Problems. Dieser erklärte, er hätte „einige freie Enden im Zünderdesign aufgeklärt". Diese doch sehr unkonkrete Aussage – es fehlen jedwede Details hinsichtlich der Einzelheiten über den Lösungsansatz – sprechen laut Hydrick für sich.

Auch Karlsch geht in „Hitlers Bombe" auf Schlicke ein.[3] Er verweist ebenfalls auf Hydrick, ist jedoch der Meinung, dass es erst nach Freigabe der immer noch gesperrten Unterlagen über das amerikanische Atomprojekt möglich sein wird zu erkennen, ob amerikanische Wissenschaftler die Studien der deutschen Zünderexperten für das „Manhattan-Projekt" verwendet haben.

---

2. U.S.National Archieves II, document surrendered with U-234 titled, Verwendung ultravioletter Strahlung, FB1598, by Hans Klumb and Bernhard Koch- N Wa 30571/ 44, RG 38-370-15-09-04 box6

3. Rainer Karlsch, Hitlers Bombe, DVA 2005, Seite 262

Fusionsverstärkte Kernspaltungsbombe

Kehren wir wieder zur Rekonstruktion der „fusionsverstärkten Kernspaltungsbombe“ zurück. Um die Glaubhaftigkeit dieser Rekonstruktion weiter zu erhöhen, ist es von Vorteil, wenn man die entsprechenden Konstruktionen, die in anderen Ländern verwirklicht wurden, mit der Bombe von Ohrdruf vergleicht.
Diese Art der Bombe wurde zwischen 1947 und 1949 in Los Alamos entwickelt.[1] Dabei ging es darum, durch das Boosting, also den Einsatz einer Kernfusion, die Kernspaltung zu verstärken. Durch die bei diesem Vorgang freiwerdenden Neutronen wird die Sprengkraft von Kernspaltungsbomben annähernd verdoppelt. Als Beispiel für die erste geboostete Nuklearwaffe der USA „Greenhouse Item“ kann die Sprengkraft der eigentlichen Kernspaltungsbombe mit 20 Kilotonnen (kt; 1 Kilotonne = 1.000 Tonnen) angeführt werden. Durch das Boosting wurde die Sprengkraft auf 45,5 kt erhöht. Gezündet wurde dieser nukleare Sprengsatz am 25. Mai 1951.[1]
Der Aufbau sieht folgendermaßen aus:

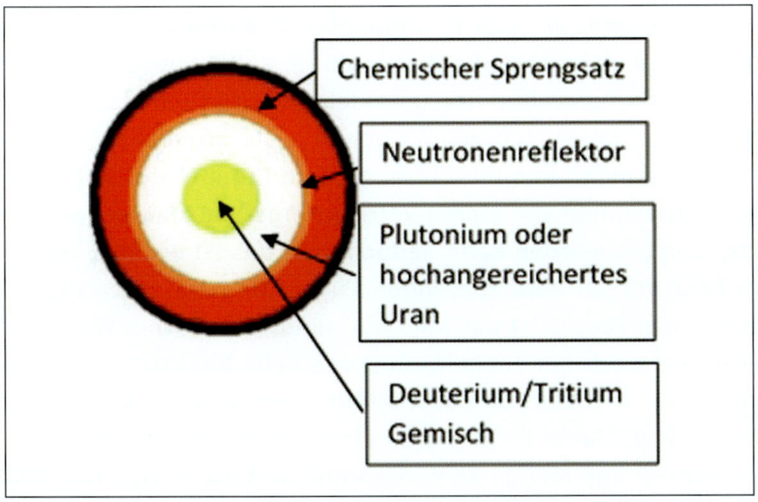

Aufbau einer geboosteten Kernspaltungsbombe

Vergleicht man den Aufbau der geboosteten Kernspaltungsbombe mit dem angenommenen Aufbau der Kernwaffe in Ohrdruf, so ist die Übereinstimmung verblüffend: Bis auf die zusätzliche Zündung im Mittelpunkt der Bombe und dem Neutronenreflektor ist der Schichtenaufbau identisch.

1. *https://de.wikipedia.org/wiki/Kernwaffentechnik#Wasserstoffbombe*

Einen weiteren Hinweis, dass es sich bei dem Kernwaffenkonzept in Ohrdruf um eine fusionsverstärkte Kernspaltungswaffe gehandelt hat, liefert auch der von Karlsch am 17. September 2005 veröffentlichte Brief der beiden russischen Professoren Mineev und Funitkov an Karlsch zum Thema „Deutsche Atombombe“. Dieser Brief hat die Überschrift: „GERMANY WOULD HAVE TEST OF CHARGES FOR A-BOMB WITH D-T BOOSTER AT THE END OF WORLD WAR II“. Die Überschrift besagt ganz klar, dass nach Meinung der beiden Wissenschaftler Deutschland am Ende des Zweiten Weltkrieges Sprengladungen für eine Atombombe mit Deuterium-Tritium-Booster getestet hat. In dem Brief werden dann die Gründe für diese Meinung dargestellt, die uns jedoch keine weiteren nützlichen Informationen liefern und deshalb hier nicht wiedergegeben werden sollen. Wichtig für uns ist aber der Hinweis auf den Booster für die Atombombe und damit die Stützung des Aufbaus nach der fünften Rekonstruktion (siehe S. 47).

Ein weiterer Beweis für die Funktionsfähigkeit der Bombenkonstruktion in Ohrdruf geht aus den Ergebnissen des polnischen Wissenschaftlers Prof. Sylwester Kaliski (1925 bis 1978) hervor (Anmerkung des Autors: Die Aussagen aus der Anlage werden hier teilweise wiederholt. Da es sich bei diesen Feststellungen jedoch um die wesentliche Aussage handelt, die eine funktionierende Kernwaffe in Ohrdruf erst möglich machte, ist dies legitim). Kaliski beschäftigte sich mit Kernspaltungswaffen mit sehr kleinen kritischen Massen. Dabei dienten ihm die Forschungen Guderleys als Grundlage.[2] Bei seinen Untersuchungen kommt Kaliski zu dem Ergebnis, dass bei Sprengstoffimplosionen von einem Verdichtungsfaktor zwischen 2,5 und 4 ausgegangen werden kann. Jedoch, und das ist wichtig, entstehen im Zentrum der implodierenden Kugel Kompressionen des 20 bis 30-fachen! Dieses ist natürlich nur ein theoretischer Wert, der in der Praxis niedriger ausfällt, da eine solche Implosion nie genau symmetrisch abläuft und deshalb der theoretische Wert auch nicht erreicht wird. Daher ist die Symmetrie ein entscheidender Faktor für die notwendige Menge an Kernsprengstoff zum Erreichen der kritischen Masse (siehe vorheriges Kapitel). Eine weitere Senkung der erforderlichen Kernsprengstoffmenge kann laut Kaliski durch Erzeugung von zusätzlichen Neutronen im Implosionszentrum erfolgen. Kaliski denkt dabei an einen Hohlraum, dessen Zentrum mit Deuterium und Tritium gefüllt ist und der zusätzlich durch Laserim-

2. *Rainer Karlsch, Heiko Petermann (Hrsg.), Für und Wider >Hitlers Bombe<, Waxmann Verlag, 2007, ISBN 978-3-8309-1893-6, Seite 95-122*

pulse aufgeheizt wird. Das alles aber gab es 1945 noch nicht. Stattdessen wurde eine Lösung verwendet, bei der eine Hochspannungsentladungsröhre zusammen mit dem Fusionsprozess des Deuterium-Tritium-Gemischs eingesetzt wurde, um die zusätzlichen Neutronen zu erzeugen – also eine Lösung, wie sie auch Kaliski vorschlägt, jedoch ohne Laser. Kaliski berechnet die Reduzierung der kritischen Masse durch die zusätzliche Neutronenmenge. Dabei kommt er bei seinem Vorschlag zum Aufbau bei einer Verdichtung von 4 und einer Neutronenanzahl von 1015 bei U 235 auf kritische Massen von 384 bis 440 Gramm.[3] Die Sprengenergie lag demnach bei einigen hundert Tonnen des herkömmlichen Sprengstoffs TNT. Damit haben wir einen weiteren Beweis, dass der oben beschriebene Aufbau der Ohrdruf-Bombe funktioniert haben muss. Diese Argumentationskette erklärt damit auch die relativ geringe Sprengkraft, die sonst in der Literatur mit einer nicht „echten" Kernwaffe begründet wird. Es handelte sich also um eine geboostete Kernspaltungswaffe, die mit relativ wenig und zudem mit nicht hochangereichertem U 235 auskam. Die Sprengenergie war dementsprechend gering, wenn man diese mit der Hiroshima-Bombe vergleicht.

Zusammenfassung

- Geboostete Kernspaltungsbomben wurden in den USA erstmals 1951 getestet
- Der Aufbau der amerikanischen Bombe entspricht in der Anordnung der Schichten der Kernwaffe aus Ohrdruf
- Russische Wissenschaftler gehen davon aus, dass in Ohrdruf das Booster-Prinzip eingesetzt wurde
- Die Forschungen von Kaliski in Polen zeigen die Möglichkeit von kritischen Massen im hundert-Gramm-Bereich
- Durch das Prinzip sind eine Verkleinerung der Bombe und eine Verringerung der Sprengkraft möglich
- Moderne Kernspaltungsbomben – hier vor allem taktische Nuklearwaffen – arbeiten ebenfalls nach dem Booster-Prinzip

3. *Rainer Karlsch, Heiko Petermann (Hrsg.), Für und Wider >Hitlers Bombe<, Waxmann Verlag, 2007, ISBN 978-3-8309-1893-6, Seite 103*

Nach dem Krieg

Die an der Kernwaffenentwicklung beteiligten Wissenschaftler zerstreuten sich nach der Kapitulation und der Gefangenschaft in alle Winde, wobei einige, darunter Diebner, Schumann und Gerlach, in den westlichen Besatzungszonen blieben. Andere wurden von den Sowjets überredet oder gezwungen, in die UdSSR überzusiedeln und dort bei der Entwicklung von Kernwaffen zu helfen. Interessant ist auch, dass Frankreich ab 1945 in Saint-Louis an der deutsch-französischen Grenze ein Kernforschungszentrum betrieb. Hier gaben frühere Mitarbeiter von Schumann ihr Wissen über die Hohlladungsthematik an die Franzosen weiter. Die Kenntnisse Walter Trinks und Rudi Schalls nutzten die Franzosen zur Forschung für ihre eigenen Atombomben.[1]
Erkenntnisse aus dieser Zusammenarbeit sind sicher auch in einige französische Patente wie beispielsweise FR 922 877 von 1946 und FR 103 3565 von 1951 eingeflossen. Das Patent FR 922 877 hat auf Deutsch die Patentbezeichnung „Verfahren und Vorrichtung zum Erhalten von Reaktionen oder Umwandlungen mittels Energie, die aus Explosionen extrahiert wird". In diesem Patent wird die Verwendung von Initialladungen beschrieben, wie diese auch im Kapitel „Zünderproblematik" dargestellt wurde. Bei dem Patent FR 103 3565 mit der Patentbezeichnung auf Deutsch „Ein Verfahren zur simultanen Detonation der gesamten Oberfläche eines Sprengstoffs, wodurch sehr hohe Temperaturen und sehr hohe Drücke erreicht werden können". Im Kapitel „Kernfusion wird Forschungsschwerpunkt" sind zwei Zeichnungen aus diesem Patent abgebildet. Anhand dieser beiden Patente kann man die Übernahme der Forschungsergebnisse von Schumann und seinen Mitarbeitern erkennen.

In Schumanns Nachlass befindet sich das unvollständige Manuskript zu einem Buch, in dem dieser die Kernwaffenforschung bis 1945 beschrieb. Auf Anraten von Freunden und Kollegen wurde es jedoch nie veröffentlicht. 1948 schrieb Schumann einen Brief über die Experimente der Trinks-Gruppe.[2] Die damals angestellten Überlegungen wurden von Schumann in mehrere Patententwürfe umgesetzt. In dieser Form wurde das Patent Nr. 977 825 von Schumann und

1. *Günter Nagel, Das geheime deutsche Uranprojekt 1939 - 1945, Heinrich-Jung-Verlagsgesellschaft mbH, 2016, ISBN 978-3-943552-10-2, Seite 340*
2. *Günter Nagel, Das geheime deutsche Uranprojekt 1939 - 1945, Heinrich-Jung-Verlagsgesellschaft mbH, 2016, ISBN 978-3-943552-10-2, Seite 254, 255*

Trinks 1952 eingereicht. Der Patentinhaber war das Verteidigungsministerium. Das Geheimpatent wurde erst 1971 veröffentlicht. Seine Bezeichnung lautete: „Vorrichtung, um ein Material zur Einleitung von mechanischen, thermischen oder nuklearen Prozessen auf extrem hohe Drücke und Temperaturen zu bringen". Beschrieben werden darin verschiedene Bombenkonstruktionen für Fusionsbomben.

Neben Schumann meldete auch Diebner, der ebenfalls diverse Artikel zum Beispiel in der Zeitschrift „Kerntechnik" veröffentlichte, verschiedene Patente an. Unter den Patenten Diebners sind diese zwei besonders interessant:

- Patent 1 240 194, „Verfahren zur Herstellung hoher Temperaturen und hoher Drücke" und
- Patent 1 414 759, „Verfahren zur Verwertung der Fusionsenergie von Deuterium und Tritium mit Hilfe konvergenter, periodischer Verdichtungsstöße".

Die folgende Skizze zeigt den von Diebner vorgeschlagenen Fusionsreaktor.

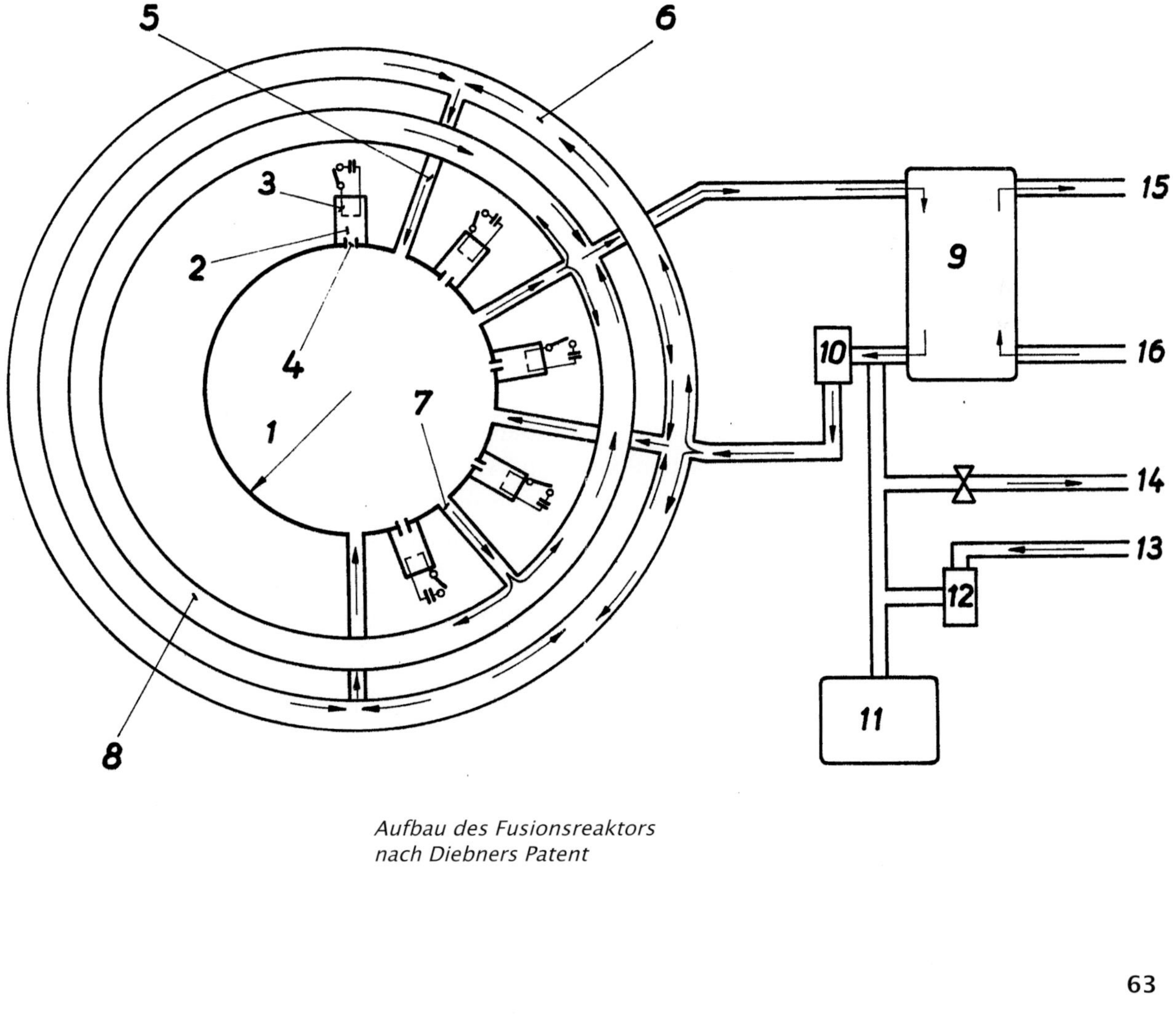

Aufbau des Fusionsreaktors nach Diebners Patent

In der Beschreibung des Patents wird auf die Möglichkeit der Aufheizung eines Gases in der Umgebung des Konvergenzzentrums durch wiederholte, konvergente Verdichtungsstöße hingewiesen. Diebner machte darauf aufmerksam, dass die notwendige Energie zur Aufrechterhaltung der Verdichtungsstöße auf chemischem Wege erzeugt werden müsse. Das aber führe zu Verunreinigungen des Fusionsgases, wodurch eine höhere Abstrahlung im Konvergenzzentrum entsteht, weswegen wiederum die notwendige Fusionstemperatur nicht erreicht werden kann. Das Patent schlägt daher vor, das zu fusionierende Gas vorzuheizen und dieses dann über elektrische Knallfunken zu zünden (Anmerkung des Autors: Dieses erinnert an die vorher erwähnten Krytrone.) Damit ergibt sich nach Diebner durch periodische Wiederkehr der Verdichtungsstöße ein Verfahren zur technischen Umsetzung von Fusionsenergie. Interessant hierbei ist die Verwendung der Fusionsenergie nicht als Bombe, sondern als Reaktor zur Erzeugung von kontrollierter Energie.[3] Bis heute ist es bekanntlich noch nicht gelungen, Fusionsreaktoren nach den zurzeit technisch umsetzbaren Konstruktionsprinzipien zum Laufen zu bringen. Es soll, so die Aussage von Fachwissenschaftlern, noch Jahre, wenn nicht Jahrzehnte dauern, bis ein funktionsfähiger Fusionsreaktor zur Verfügung steht. Das führt zu der Frage, ob dies der richtige Weg bzw. die richtige Technologie ist. Bleiben wir aber bei dem Vorschlag nach Diebners Patent, in dem enormes Wissen aus der Fusionsforschung vor 1945 steckt. Deshalb ist das nächste Kapitel rein spekulativ zu verstehen.

Zusammenfassung

- Viele Kernphysiker arbeiteten nach 1945 für die Alliierten und halfen bei der Entwicklung von Kernwaffen
- Schumanns Geheimpatente Anfang der 1950er Jahre zeigen die Konstruktion von Kernfusionsbomben
- Diebner beschreibt in seinen Patenten einen Fusionsreaktor, der offensichtlich auf den Fusionsexperimenten aus der Zeit vor 1945 beruht
- Es kann daraus geschlossen werden, dass man sich daher auch mit der Erzeugung von Energie durch Fusionsvorgänge beschäftigte

3. *http://www.spiegel.de/spiegel/print/d-41120748.html*

Als Vergleich zum einfachen Vorschlag Diebners der komplexe Aufbau des Kernfusionsreaktors ITER, dargestellt anhand einer CAD-Zeichnung des Reaktorgebäudes mit Plasmagefäß.

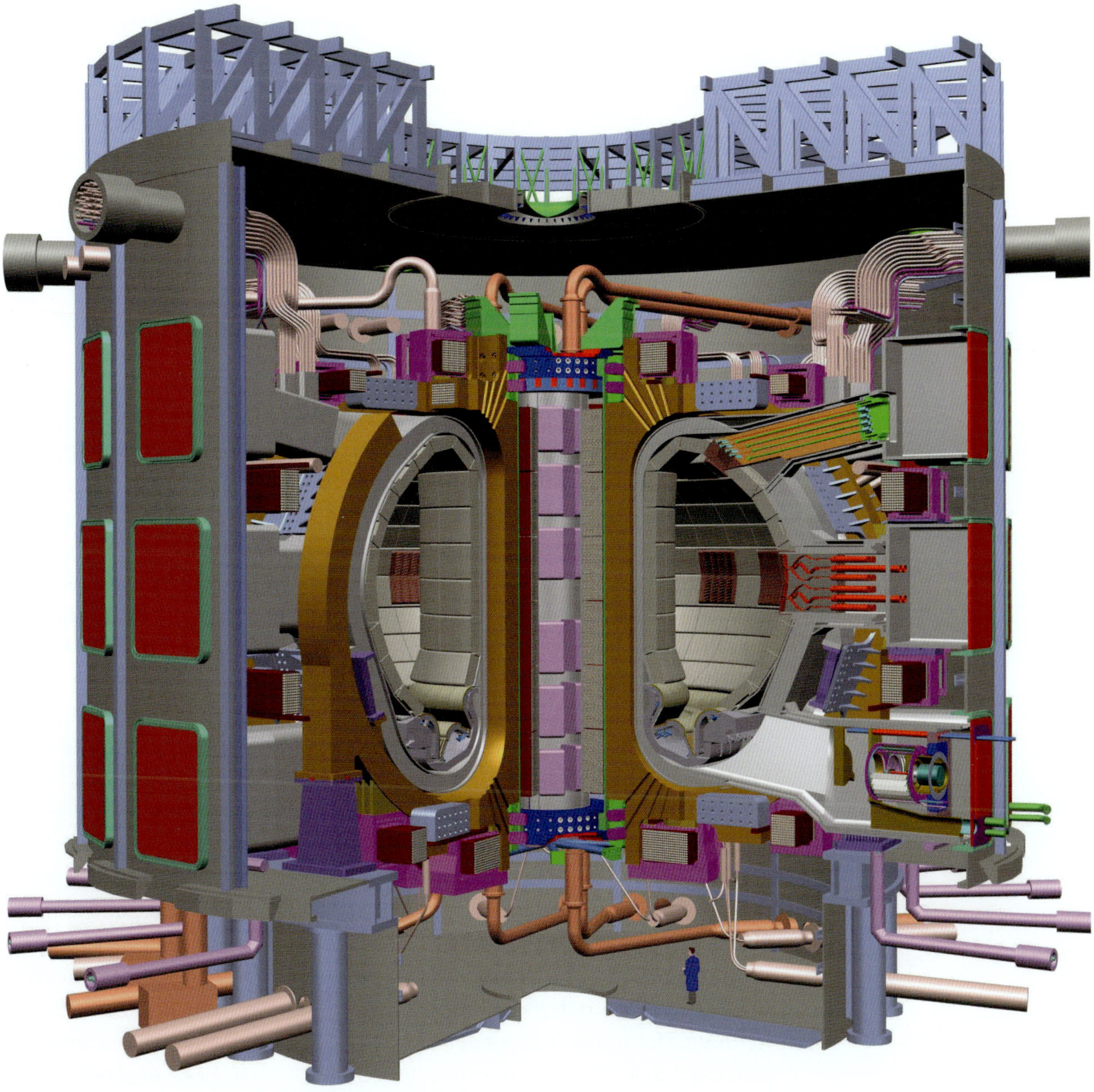

Spekulationen

Am Schluss des letzten Kapitels wurde auf Diebners Patent für einen Fusionsreaktor eingegangen. Da wir keine Unterlagen und Informationen über die wirklich brisanten und am weitesten fortgeschrittenen Forschungen auf dem Gebiet der Kernforschung besitzen (außer den in den vorherigen Kapiteln erwähnten), ist es schwierig, den wahren Stand der Forschung bei Ende des Krieges beurteilen zu können - eigentlich ist es fast unmöglich. Daher bleibt nichts anderes übrig als zu versuchen, über Spekulationen, die so viel Nachprüfbares wie möglich enthalten, der Wahrheit näherzukommen. Dies soll im Folgenden geschehen.

Objekt Riese und die Kernenergie

Beginnen wir mit einer kurzen Beschreibung des „Objekts Riese". Im Deutschen Reich wurden aufgrund der zunehmenden Luftüberlegenheit (die sich zur Lufthoheit steigern sollte) der Alliierten in den letzten Jahren des Krieges immer mehr Produktionsanlagen, ferner Forschungs- und Entwicklungseinrichtungen sowie Gefechtsstände und Kommunikationszentren unter die Erde verlegt, um nicht mehr durch die nahezu permanenten Luftangriffe beeinträchtigt zu werden. Die dafür ausgewählten Orte befanden sich zumeist in Gebieten, die zum Zeitpunkt der Planung als nicht oder zumindest nicht stark luftgefährdet galten. Dazu zählte auch Niederschlesien mit dem Eulengebirge. Dort entstand die Anlage „Riese", von der einzelne bekannte Anlagenteile noch heute besichtigt werden können. Einen guten Überblick dazu bietet unter anderem das Buch von Christel Focken „FHQ ‚Führerhauptquartiere', Riese (Schlesien)".[1] Im „Objekt Riese" sollten nicht nur ein Führerhauptquartier, sondern auch Unterkünfte für die Prominenz des Dritten Reiches, außerdem Produktionsanlagen sowie Forschungseinrichtungen untergebracht werden. Was liegt da näher, als die neuesten Technologien in einem solchen Projekt zu verbauen oder zu testen. Dass es sich dabei auch um Kernenergie gehandelt haben könnte, ist einem Artikel zu entnehmen, der in der polnischen Zeitung „Slowo Polskie" im Zeitraum zwischen dem 27. Oktober und dem 3. November 1947 erschien. Er beschreibt einen Gang durch die Anlage „Riese", die damals noch

1. *Christel Focken, FHQ „Führerhauptquartiere", Riese (Schlesien), Helios Verlag, ISBN 978-3-938208-63-2*

offen und zugänglich war.[2] Dabei wird auch auf Gerüchte hingewiesen, die unter den deutschen Bewohnern dieser Gegend, die vor ihrer Vertreibung dort lebten, kursierten: „Die Einwohner von Gluszyca [deutsch: Wüstegiersdorf, bis 1917 „Wüste Giersdorf" geschrieben] sahen die schnell fortschreitenden Bauarbeiten an der gigantischen unterirdischen Stadt und flüsterten über den Bau von ‚Atomwerken', die hier errichtet werden sollten." Das ist zwar nicht unbedingt ein Beweis, doch hinter jedem Gerücht steckt bekanntlich ein Körnchen Wahrheit.

Führen wir unsere Indizienkette weiter. Im „Objekt Riese" in Niederschlesien gibt es die Anlage „Säuferhöhe" (Osówska), auf der sich ein Bauwerk mit dem Namen „Kraftwerk" befindet. Dabei handelt es sich um die Betonfundamente eines mysteriösen Baus. Das eigentlich Interessante dabei ist ein unter Wasser stehendes rechteckiges Loch, das man zur Untersuchung auspumpte. Darunter befand sich ein kugelförmiger Hohlraum mit einem Durchmesser von sechs bis acht Metern.[3] Gerüchteweise wird von einem Fundament für einen Kernreaktor erzählt, da die Größe dieses Artefakts von ca. 40 x 40 Metern nicht für ein konventionelles Kraftwerk spricht. Ein weiterer wichtiger Grund ist der Standort: Man würde ein konventionelles Kraftwerk niemals auf einem Berg errichten, sondern in einem Tal, am besten aber an einem Fluss zur Ableitung der im Arbeitsmodus des Kraftwerks naturgemäß entstehenden überschüssigen Wärme. Außerdem ist es an einem solchen Standort wesentlich einfacher, die für den Betrieb benötigten Energieträger Kohle oder Öl anzuliefern. Aber auch für einen auf dem Kernspaltungsprinzip beruhenden Atomreaktor ist es unabdingbar, dass die Wärmeabfuhr gewährleistet sein muss. Ein Standort auf einem Berg wie in unserem Fall schließt also diese beiden Arten von Kraftwerken aus. Es bleiben folglich nur „nichtkonventionelle" Kraftwerksarten übrig. Falls es, wie die Gerüchte behaupten, tatsächlich ein Kraftwerk war, das hier errichtet werden sollte, so könnte dies ein Fusionskraftwerk nach der oben beschriebenen Art gewesen sein. Dabei wäre es möglich, neben der erzeugten elektrischen Energie die dabei entstehende Wärme zum Heizen der unterirdischen Anlagen zu nutzen. Das würde bedeuten, dass die Entwicklung 1945 so weit gediehen war, um die ersten Fusionskraftwerke zu projektieren und zu bauen. Es soll jedoch nochmals darauf hingewiesen werden, dass es sich bei den vorherigen Aussagen um reine Spekulationen handelt.

2. *http://www.fhq-riese.de/?Geheimnisse_und_Forschungen:Geheimnisse_Riese:Gluszyca*
3. *Christel Focken, FHQ „Führerhauptquartiere", Riese (Schlesien), Helios Verlag, ISBN 978-3-938208-63-2, Seite 71-74*

Luftbild des „Kraftwerks“

Erläuterung der einzelnen, spekulativ angenommenen Komponenten:

1: Viereckige Öffnung, die mit dem kugelförmigen Hohlraum darunter in Verbindung steht. Durchmesser: sechs bis acht Meter.

2: Schacht, der an der Seite für eine Treppe in die Tiefe vorbereitet wurde („Revisionsschacht“).

3: Durchbrüche

Rohre: Hier sind neun senkrecht einbetonierte Rohre aus der Grundplatte mit ca. 40 cm Durchmesser zu erkennen.

4: Möglicherweise wurden hier die Fließrichtungen der Wasser-, Luft- und Dampfströme vorgegeben bzw. kanalisiert.
Links davon könnten die Fundamente für Maschinen vorgesehen gewesen sein. Die Grundrisse im Beton lassen diesen Schluss zu.

5: Trennwand zwischen Reaktorteil und konventionellem Teil des Kraftwerks.

Reaktorteil unterhalb der Trennwand

Nachfolgend wurde das Kraftwerksbild in den Reaktorteil und den konventionellen Teil aufgeteilt:

In dem Bereich befindet sich der Reaktor 1 und die Treppe 2 (Revisionsschacht).

Konventioneller Teil oberhalb der Trennwand

In diesem Bereich sind die Fundamente für den Stromgenerator sowie die Zuläufe für die Kühlung, die dann über die Durchbrüche in der Trennwand zum Reaktorteil führen, zu erkennen. Durch die Durchbrüche müsste auch der erzeugte Dampf zur Dampfturbine im konventionellen Teil gelangt sein.

Zusammenfassung

- In dem Objekt „Riese" beschäftigte man sich gerüchteweise mit Atomenergie
- Nach dem Krieg wurden von Diebner Patente über einen Fusionsreaktor veröffentlicht
- Dies deutet auf nicht veröffentlichte Fusionsexperimente zur Energiegewinnung hin, die von Diebner und seiner Gruppe durchgeführt wurden
- Falls es sich bei dem Objekt „Kraftwerk" tatsächlich um ein solches handeln sollte, ist die Wahrscheinlichkeit hoch, dass es sich um ein Fusionskraftwerk handeln könnte, in dem die gewonnenen Forschungsergebnisse im praktischen Betrieb erprobt werden sollten
- Neben der Energiegewinnung hätte die Möglichkeit bestanden, die entstandene Wärme zum Heizen der unterirdischen Räume des „Objektes Riese" zu verwenden

Epilog

In den Jahren bis zur Wiedervereinigung des seit Kriegsende geteilten Deutschland 1989/90 war die Entwicklung einer deutschen Kernwaffe bzw. Atombombe bis 1945 in der deutschen Historiografie kein ernsthaft diskutiertes Thema. Und wenn doch, wurde deren Existenz von der offiziellen Forschung vehement bestritten. Kein Wort wurde darüber verloren, es wurde sogar darauf verwiesen, dass die Kernenergie-Forschung nur der Entwicklung von Kernreaktoren dienen sollte. Es wird darüber hinaus behauptet, man habe mit dem Argument einer zu langen Entwicklungszeit, die notwendig wäre, eine funktionsfähige Atombombe zu bauen, die damalige Staatsführung davon abgehalten, die Konstruktion einer solchen Bombe zu befehlen. Dieses mag für die Gruppe um Heisenberg zugetroffen haben, jedoch beschäftigten sich viele andere Forscherteams im damaligen Deutschen Reich neben ihrer eigentlichen Tätigkeit zusätzlich mit Überlegungen hinsichtlich der Verwendung der Kernenergie als Waffe.

Die ersten Publikationen, die sich mit diesem Thema befassten - darunter „Der Traum von der deutschen Atombombe" von David Irving aus dem Jahr 1967 - kamen zu dem Ergebnis, dass es zwar eine Kernforschung auch mit dem Ziel einer Nuklearwaffe gab. Diese war jedoch so unbedeutend, dass keine Erfolge verzeichnet werden konnten. Der Schwerpunkt der Kernforschung im Dritten Reich hätte, so die dort vertretene gängige Meinung, auf Suche nach neuen Energiequellen gelegen. Erst nach der Wiedervereinigung gab es erste Bücher über angebliche Kernwaffenversuche in Thüringen, darunter von den Autoren Harald Fäth, Edgar Mayer und Thomas Mehner. Deren Aussagen wurden heftig bekämpft, diffamiert, ins Lächerliche gezogen und als Lügen gebrandmarkt. Ihre Ansichten passten (und passen immer noch) nicht ins etablierte, tradierte Geschichtsbild, das geprägt war (und heute immer noch ist) von der Vorstellung und Überzeugung, dass die Entwicklung der Atombombe ausschließlich auf US-amerikanische Forschungen zurückgeht.
Als die Alliierten Deutschland eroberten, befand sich in ihrem Tross auch eine Organisation mit dem Namen ALSOS. Die ALSOS-Mission hatte den Auftrag, nach Wissenschaftlern, Einrichtungen und Forschungsstätten im Deutschen Reich zu fahnden und die gewonnenen Erkenntnisse auszuwerten. Schwerpunkt war die Forschung an

der deutschen Atombombe.[1] Die Untersuchungsergebnisse wurden vor Ort ausgewertet und, soweit möglich, anschließend in die USA geschickt. Dieses Abschöpfen wissenschaftlicher Erkenntnisse war jedoch nicht die einzige Aufgabe von ALSOS. Was kaum jemand weiß ist die Tatsache, dass eine zentrale Aufgabe von ALSOS auch in der Ausarbeitung von „Counterpropaganda" bestand. Der Feind und dessen Erfolge sollten, verglichen mit den Leistungen der USA, in einem stets schlechteren Licht dastehen. So schreibt Samuel Goudsmit in seinem Buch über die ALSOS-Mission: „The evidence at hand proved definitely that Germany had no atombomb and was not likely to have one in any reasonable time".[2] Samuel Goudsmit aber war Chef der ALSOS-Mission, die am Ende des Krieges über 144 Mitglieder verfügte, davon überwiegend Naturwissenschaftler. Goldsmits Aussagen in seinem Buch gelten der offiziellen Geschichtsschreibung als unumstößliche Wahrheit.

Daher ist auch die Aufregung verständlich, die sich bei Erscheinen der Bücher der oben genannten Autoren ausbreitete. Dass tatsächlich aber mehr hinter ihren Thesen stand, wurde klar, als Rainer Karlsch im Jahre 2005 sein Buch „Hitlers Bombe" der Öffentlichkeit präsentierte. Es half dem Historiker jedoch nicht viel, dass er kein von der akademischen Welt mitleidig belächelter Hobbyforscher, sondern ein gediegener Wissenschaftler war. Aus den Reihen des historischen Establishments kamen heftige Anwürfe mit dem Grundtenor, dass es eine deutsche Atombombe weder gab noch dass es eine solche überhaupt jemals gegeben haben konnte. Karlsch schob in Heiko Petermanns Buch „Für und Wider Hitlers Bombe" nochmal einige Aufsätze nach, mit denen er die Existenz der Atombombe bestätigen wollte.

1. *ALSOS-Missionen: Anfang 1945 hatten amerikanische Forscher und Militärs praktisch keine Kenntnisse über den Stand der Atomforschung in Deutschland. Da die USA selbst intensiv an der Atombombe arbeiteten, vermutete man dort Vergleichbares für Deutschland. Ziel der aus Militärs und Wissenschaftlern gebildeten ALSOS-Mission war die Informationsgewinnung über das deutsche Atomprogramm. Dazu sollten führende Forscher gefangen gesetzt und wichtige Apparaturen beschlagnahmt werden, um so letztlich den Einsatz einer Atomwaffe zu verhindern. Bis Ende Juli 1945 waren diese Vorgaben im Wesentlichen erfüllt. Wie das ganze „Manhattan-Projekt" unterlagen auch die ALSOS-Missionen strengster Geheimhaltung, auch gegenüber den Kriegsverbündeten. Es gab drei derartige Missionen: ALSOS I in Italien, ALSOS II in Frankreich und ALSOS III in Deutschland. Das Hauptquartier befand sich in London. „Alsos" ist das griechische Wort für „Hain", auf Englisch „grove". Zu Ehren von General Leslie R. Groves, dem militärischen Leiter des Manhattan-Projekts und Initiator von ALSOS, wurde diese Code-Bezeichnung trotz nachrichtendienstlicher Bedenken gewählt. (Nach www.deutsches-museum.de/archiv/archiv-online/geheimdokumente/alsos-mission; Zugriff vom 4. April 2018).*
2. *Samuel Goudsmit, Alsos, New York 1947, Seite 71*

Aber auch andere Autoren sind weiterhin aktiv, beispielsweise Mayer und Mehner. Die aufgetauchten Hinweise, Unterlagen oder auch Nachkriegspatente wie diejenigen von Schumann und Diebner zeigen aber, dass das Beharren auf der Nichtexistenz einer deutschen Atombombe eine geschichtliche Mär ist. Diese Mär wurde geboren aus der offiziellen Geschichtsschreibung. Warum, so muss man fragen, sind einige Dokumente in den Archiven der Siegermächte für 100 Jahre gesperrt? Welche Informationen sind darin so wichtig? Man darf darüber spekulieren. Sicher war die offizielle Darstellung für die beteiligten Wissenschaftler wie Gerlach und Diebner von Vorteil. Diese behielten ihr Wissen für sich, und ihre bekannt gewordenen Verstrickungen in die Verbrechen des Dritten Reichs hielten sich in engen Grenzen.

Dass wir heute über einige, wenn auch nicht viele glaubhafte Quellen verfügen, die über die Entwicklung einer Kernwaffe bzw. Atombombe in Deutschland bis 1945 Auskunft geben, zeigen die bisherigen Kapitel auf. Es wurde versucht, die vorliegenden Erkenntnisse so zusammenzufügen, dass sich aus ihnen ein eindeutiges Bild über den technischen Aufbau der in Ohrdruf getesteten Kernwaffe ergibt. Dabei zeigt sich, dass die deutschen Wissenschaftler nicht nur zur Entwicklung einer solchen Waffe fähig waren, sondern sich sogar auf dem damals neuesten Stand der Technik befanden. Dies ist umso erstaunlicher, da die Deutschen mit einem Bruchteil der Ressourcen an Personal und technischer Ausstattung auskommen mussten, die den Amerikanern in ihrem „Manhattan-Projekt" zur Verfügung standen.

Glossar

Atom: Ein Atom besteht aus einem Atomkern und Elektronen, die auf bestimmten Elektronenbahnen um das Atom kreisen (Bohrsches Atommodell).

Atomkern: Der Atomkern besteht aus mindestens einem Proton, wie der Atomkern des Wasserstoffatoms. Alle anderen Atome bestehen aus einem Gemisch von Protonen und Neutronen.

Atomgewicht: Das Atomgewicht, gebildet aus der Anzahl der Neutronen und Protonen, ist immer niedriger als die Summe der einzeln gezählten Neutronen- und Protonenmassen. Die Differenz ist die sogenannte Bindungsenergie.

Atomkern, Ladung: Die Anzahl der Protonen gibt die Ladung des Atomkerns an. Da Protonen positiv geladen sind, ist der Atomkern auch positiv geladen.

Bindungsenergie: Die Energie, die notwendig ist, um den Atomkern in seine Bestandteile, also die einzelnen Protonen und Neutronen, zu zerlegen.

Blei, Abschirmung: Eignet sich besonders gut zur Abschirmung von Röntgen- und Gammastrahlung. Neutronenstrahlung kann durch Blei nicht abgeschirmt werden.

Boosting: In einer Kernspaltungsbombe wird ein kleiner Anteil Wasserstoff zur Fusion angeregt, der zusätzliche Neutronen erzeugt. Diese erhöhen damit die Anzahl der Kernspaltungen.

eV: Elektronvolt. Diejenige Energie, die jedes Teilchen, das mit einer Elementarladung geladen ist, aufnimmt, wenn es eine Spannungsdifferenz von 1 Volt durchquert. 1 Million eV = 1 MeV.

Fusionsbombe: Durch die Fusion werden zwei Atomkerne zu einem neuen Kern verschmolzen. Dabei wird Energie abgegeben. Beispiel dafür ist die Verschmelzung von Deuterium und Tritium zu Helium.

Halbwertszeit: Die Zeit, in der sich genau die Hälfte der am Anfang vorhandenen Atomkerne in einen anderen Atomkern durch radioaktiven Zerfall verwandelt hat.

Isotope: Isotope sind Atomkerne mit verschiedener Anzahl von Neutronen im Kern. Beispiel: Uran 238, Uran 235, Uran 238. Alle diese Kerne besitzen gleich viel Protonen, nämlich 92, jedoch eine verschiedene Anzahl von Neutronen. Die Anzahl der Neutronen errechnet sich aus der Differenz der Masse des Kerns und der Anzahl Protonen. Beispiel für U 233: 233−92=141.

Kelvin: In der Physik wird mit der Kelvin-Temperatur-Skala gearbeitet. Null Kelvin (0 K) sind in der Physik der absolute Temperatur-Nullpunkt. Tiefere Temperaturen gibt es im Universum nicht. Eine Umrechnung in die Celsius-Grade ist einfach. Der Temperaturschritt von einem Grad ist bei beiden gleich. Die beiden Skalen sind nur gegeneinander verschoben. Der absolute Temperaturnullpunkt (0 K) liegt bei minus 273,15 Grad Celsius. 0 Grad Celsius sind demnach 237,15 K.

Kernspaltungsbombe: Durch Neutronen werden Atomkerne, wie U 235, U 233 oder Pu 239 gespalten und dabei Energie freigesetzt. Oberhalb einer bestimmten kritischen Masse entsteht eine Kettenreaktion, die sich selbst erhält.

kT Die Sprengkraft einer Atombombe wird im Kilotonnen-Äquivalent des konventionellen chemischen Sprengstoffs Trinitrotoluol (TNT) angegeben. Beispiel: 10 kT = 10.000 Tonnen TNT.

Neutronen: Baustein des Atomkerns, nur stabil im Kern. Wenn ein Neutron einzeln auftritt, so zerfällt dieses nach ca. 17 Minuten.

Neutronen, thermische: Neutronen mit einer Energie, die der thermischen Umgebung entspricht. Die Energie beträgt im Mittel 0,039 eV.

Neutronen, schnelle: Neutronen mit einer Energie > 0,5 MeV. Diese können verschiedene Arten von Wechselwirkungen an Atomkernen auslösen.

Positronen Ein Positron ist das Anti-Teilchen zum Elektron. Es besitzt die entgegengesetzte Ladung und magnetisches Moment. Masse und Spin sind gleich.

Resonanzeinfang: Wird Uran mit Neutronen beschossen, so werden nicht alle Atomkerne gespalten, sondern ein Teil von ihnen absorbiert das Neutron. Diesen Vorgang nennt man Resonanzeinfang.

Schema eines Kernprozesses:

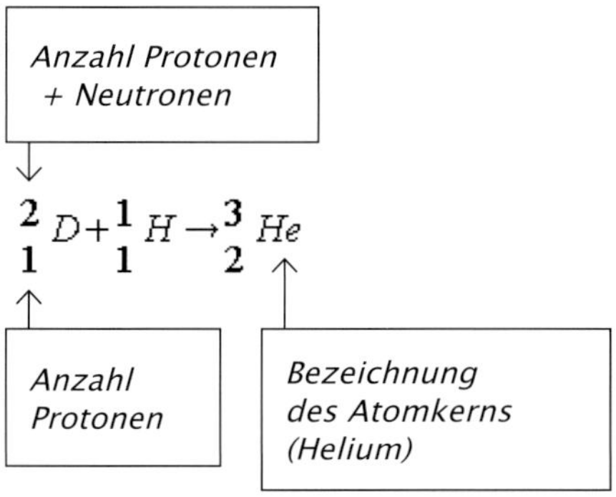

Tamper: Ein Tamper ist ein Reflektor, zum Beispiel aus Urancarbid. Dieser Reflektor dient bei einer Kernwaffe zur Reduzierung der kritischen Masse und soll die Expansion des Spaltmaterials verzögern. Dadurch dauert die Detonation etwas länger und wird nicht unterbrochen. Die Energie-Ausbeute (Anzahl der Kernspaltungen) erhöht sich damit.

Wirkungs-Querschnitt: Den Begriff des Wirkungsquerschnitts findet man größtenteils in der Atom-Kern- und Teilchenphysik. Er ist ein Maß für die Wahrscheinlichkeit, dass eine Wechselwirkung zwischen einfallenden Teilchen oder einer Wellenstrahlung und einem anderen Teilchen stattfindet. Diese Wechselwirkung kann z. B. ein Streuprozess oder eine Kernreaktion sein. Dabei hängt der Wirkungsquerschnitt von Wechselwirkung, Art und kinetischer Energie des Teilchens sowie von der Art des getroffenen Teilchens (z. B. Atom, Atomkern) ab.

Anhang

Kernprozesse in der Sonne

Im Jahr 1929 fanden Houtermans und Atkinson folgenden Reaktionszyklus:

$$^{1}_{1}H + ^{1}_{1}H \rightarrow ^{2}_{1}D$$

$$^{2}_{1}D + ^{1}_{1}H \rightarrow ^{3}_{2}He$$

$$^{3}_{2}He + ^{3}_{2}He \rightarrow ^{4}_{2}He + 2\,^{1}_{1}H$$

Erläuterung:
Das Ausgangsmaterial ist Wasserstoff (H), welcher zu Deuterium (D), schwerem Wasserstoff (ein Isotop des Wasserstoffs), umgewandelt wird. Aus Deuterium (D) und Wasserstoff (H) wird ein Helium-Isotop erzeugt.
Dieser Prozess wird zweimal durchlaufen.
Danach reagieren die beiden Helium-Isotope miteinander und bilden das stabile Helium-Atom und zwei Wasserstoff-Atome (H.) Bei diesem Vorgang wird Energie von 26,7 MeV gewonnen.

Nach v. Weizsäcker und Bethe laufen folgende Kernprozesse auf der Sonne unter Einbeziehung von Kohlenstoff als Katalysator ab:

$$^{12}_{6}C + ^{1}_{1}H \rightarrow ^{13}_{7}N$$

$$^{13}_{7}N \rightarrow ^{13}_{6}C + ^{0}_{1}e$$

$$^{13}_{6}C + ^{1}_{1}H \rightarrow ^{14}_{7}N$$

$$^{14}_{7}N + ^{1}_{1}H \rightarrow ^{15}_{8}O$$

$$^{15}_{8}O \rightarrow ^{15}_{7}N + ^{0}_{1}e$$

$$^{15}_{7}N + ^{1}_{1}H \rightarrow ^{12}_{6}C + ^{4}_{2}He$$

Erläuterung:
Das Ausgangsmaterial ist Kohlenstoff (C) mit der Masse 12 und Wasserstoff (H) mit der Masse 1. Im Sterneninneren liegen die Wasserstoff-Atome ohne Elektronen vor, wegen der hohen Temperaturen von 10 bis 20 Millionen Grad. Es bildet sich Plasma. Daher sind die Wasserstoff-Atome dann Protonen und können damit wegen der hohen Temperatur und entsprechend hohen Energie in andere Kerne eindringen. Der Energiegewinn beträgt bei diesem sogenannten Bethe-Weizsäcker-Zyklus ebenfalls 26,7 MeV. Dieser Vorgang findet jedoch nur in den oberen Schichten der Sonne statt, da es im Inneren der Sonne keinen Kohlenstoff gibt.

Über die Bestimmung der Massen von Elementarteilchen und Atomen

Schon vor dem zwanzigsten Jahrhundert wurden Atommassen auf die verschiedenste Art und Weise bestimmt. Ermittelt wurden sie anhand des Äquivalentgewichts nach dem Avogadro'schen Gesetz (Regel von Dulong-Petit, Bestimmung des elektrochemischen Äquivalents). Hier interessiert vor allem die Bestimmung mittels des Massenspektrographen, da erst mit diesem der Durchbruch zu einer sehr genauen Massenbestimmung gelang, mit der zum Beispiel die Bindungsenergie genau bestimmt werden konnte.

Massenspektrograph

Schon die oben erwähnten älteren Verfahren zur Ermittlung des Atomgewichts zeigen, dass die Atomgewichte nicht ganzzahlig waren. Crookes vermutete schon 1886, dass die Atomgewichte ganzzahlig sein mussten, es jedoch verschiedene Arten von Chlor-Atomen geben müsse, deren Massen verschieden seien und die in einem bestimmten Mischungsverhältnis vorliegen müssten. Diese Vermutung hat sich später bestätigt. Atome mit zwar gleicher Kernladungszahl (Anzahl der Protonen), aber mit verschiedenen Massezahlen (Protonen und Neutronen), bezeichnet man als Isotope. Dabei besitzen die meisten Elemente mehrere Isotope mit einem konstanten Mischungsverhältnis: Bei Uran kommt das Element U 235 mit einem Anteil von 0,7 Prozent im natürlichen Uran vor (s. o.). Bei einem Massenspektrographen werden Atome erhitzt und in den Plasmazustand überführt. Damit sind sie elektrisch geladen. Man lässt nun diese Atome durch elektrische und magnetische Felder laufen, indem man sie ablenkt. Diese Ablenkung ist abhängig vom Verhältnis der Ladung „e“ des Atoms, zu dessen Masse „m“ und von der Geschwindigkeit, mit der das Atom durch diese Felder fliegt. Es werden dann Atome mit bestimmter Geschwindigkeit herausgefiltert und deren Auftreffpunkt zum Beispiel auf einer Fotoplatte beobachtet. Dies ist übrigens ein Verfahren aus der Anfangszeit der Spektrometrie. Da die Ladung „e" des Atoms bekannt ist, kann die Masse aus der Ablenkung bestimmt werden, unter anderem mit Hilfe eines Vergleichs des Ergebnisses mit dem eines Sauerstoff-Atoms, welches mit 16 Masseeinheiten definiert ist. Die sich auf das Sauerstoff-Atom beziehenden Masseangaben galten bis 1962, also während desjenigen Zeitraums, der in diesem Buch im Zentrum steht. Da sich Sauerstoff jedoch auch aus verschiedenen Sauerstoff-Isotopen zusammensetzt, deren Anteile in der Natur erheblich schwanken, wurde 1962 eine neue Atomgewichtstabelle herausgebracht, deren Basis das Kohlenstoff-Isotop C^{12} ist. C^{12} hat ein Atomgewicht von 12,00000. Der Unterschied zu den früheren Atommassen beträgt 0,0043 Prozent. Falls größere Unterschiede zwischen den neueren und älteren Angaben der Atommassen auftreten, so liegt das an neueren Messungen mit moderneren Technologien. Nun ist dem aufmerksamen Leser sicher aufgefallen, dass die Verwendung des Massenspektrographen nur mit elektrisch geladenen Atomen oder auch mit Teilchen möglich ist. Wie sieht es aber mit dem Neutron aus, das doch elektrisch neutral ist, aber trotzdem eine gewisse Masse besitzt?

Bestimmung der Masse von Neutronen

Eine Bestimmung der Masse mit dem Massenspektrographen ist nicht möglich, da das Neutron keine Ladung besitzt. Daher werden zu seiner Ermittlung Kernreaktionen durchgeführt, die wir uns jetzt ansehen wollen. Werden Deuterium-Atome (ein Deuterium-Atom besteht aus einem Proton und einem Neutron) mit Gammastrahlen beschossen, wird erst ab einer Energie der Gammastrahlung von 2 MeV ein Neutron emittiert. Das bedeutet, dass dies die Bindungsenergie des Neutrons sein muss. Man kann nun die folgende Massenbilanz bilden:

Die Masse des Deuteriums MD und die Masse der Gammastrahlung (= Bindungsenergie) ergeben die Masse des Wasserstoffkerns (Proton) MH und die Masse des Neutrons (Mn).

Als Gleichung ergibt sich:

$MD + 0{,}002 = MH + Mn$

Daraus ergibt sich für das Neutron ein Wert von

1,0090 +/- 0,0005.[1]

---

1. *J. Mattauch und S. Flügge, Kernphysikalische Tabellen, Springer Verlag 1942, Seite 56*

Genauere Werte erhält man bei der Verwendung einer Strahlung mit höherer Energie mit anschließender Bestimmung der Energie der ausgelösten Protonen. Dabei ist die Energie, die das Proton erhält, genauso groß wie die Energie für das Neutron. Man kann die Masse des Neutrons aber noch genauer bestimmen: Die Energie des Neutrons wird in einer sogenannten Ionisationskammer anhand der Streuungen an den Wasserstoff-Atomen bestimmt.

Wie Hohlladungen funktionieren

Wird eine Sprengladung zur Detonation gebracht, so geht vom der Detonationszentrum mit hoher Geschwindigkeit eine schockartige konzentrische Stoßwelle aus. Bei chemischen Sprengstoffen beträgt diese Geschwindigkeit bis zu acht Kilometer pro Sekunde. Unmittelbar hinter der Stoßwelle baut sich blitzartig ein Überdruck von bis zu 160.000 Atmosphären auf. Wohlgemerkt: Diese Angaben gelten für herkömmliche, also ohne irgendwelche Kanalisierungs- oder Verdämmungsmaßnahmen detonierende Sprengsätze.

Eine weitere Erhöhung dieser ohnehin schon äußerst destruktiven Werte lässt sich durch die Hohlladungstechnik erreichen. Dabei wird fast die gesamte Energie der Hohlladung auf einen (Hohlladungs-)Strahl konzentriert.

Erläuterung zur rechten Abbildung: Bei „Z" wird der Zünder des Sprengstoffes (H) gezündet. Durch die halbkugelförmige, in der Regel mit Kupfer ausgekleidete Innenoberfläche „O" wird die Detonationsenergie senkrecht zur Oberfläche zielgerichtet abgestrahlt. Im Brennpunkt „F" vereinigt und konzentriert sich fast die gesamte Energie.[2] Die Wirkung der nun auf einen Punkt zielgerichtet wirkenden Sprengstoffenergie potenziert sich

Darstellung der Konzentration der Detonationsenergie auf einen Punkt „F" als Grundüberlegung zur Funktionsweise einer Hohlladung

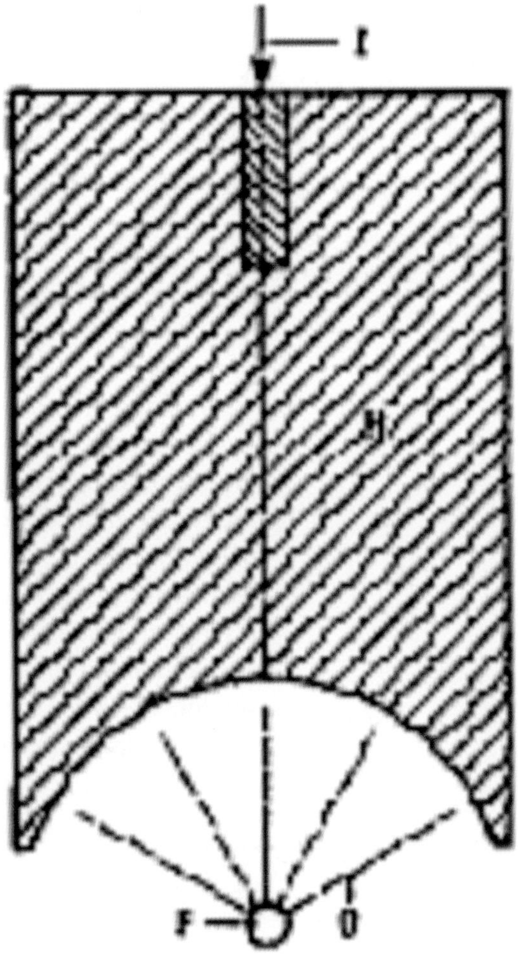

2. *Kerntechnik 3, März 1962, Seite 89–93, K. Diebner, Fusionsprozesse mit Hilfe konvergenter Stoßwellen- einige ältere und neuere Versuche und Überlegungen*

damit. Die Energiedichte ist umso höher, je dünner der Strahl ist. Dabei wird diese nochmals wesentlich durch die Umhüllung des Hohlladungssprengkörpers mit einem Stahlmantel sowie mit einer Einlage beispielsweise aus Beryllium verstärkt.[3]

Auslösung von Fusionsprozessen durch konvergente Stoßwellen

Der Grund für die Wiederaufnahme der Fusionsexperimente waren die Erkenntnisse aus den Theorien von Karl Gottfried Guderley (keine biographischen Daten verfügbar) über schallnahe Strömungen und des Ingenieurs Adolf Busemann (1901 bis 1986). Guderley war Strömungsforscher und arbeitete an einer neuen Theorie zur Fokussierung von Stoßwellen, die er erstmals 1957 publizierte. Guderley und Busemann waren Wissenschaftler an der Luftfahrtforschungsanstalt in Braunschweig. Dort wiesen sie nach, dass mit der Fokussierung bzw. Konzentration von Stoßwellen und den dadurch ausgelösten Schockwellen in einem kleinen Bereich um das Konvergenzzentrum herum außerordentlich hohe Druck- und Temperatursprünge erzielt werden konnten.[4]
Die beiden Forscher trugen mit ihren theoretischen Überlegungen maßgeblich dazu bei, über Temperaturspitzen nachzudenken, die als Auslöser für Fusionsvorgänge dienen konnten.

Sprengstofflinsen

Ähnlich wie bei Lichtstrahlen kann man die Detonationsenergie, bestehend aus divergenten Detonations-„Strahlen“, in einen konvergenten „Strahl“ umwandeln, indem man Sprengkörper mit unterschiedlich schnell detonierenden Sprengstoffen kombiniert. Hat ein Sprengkörper eine Detonationsgeschwindigkeit von D, kann man konvexe Linsen erzeugen, indem man einen Sprengstoff mit geringerer Geschwindigkeit als D zwischen den Zünder und die zu beschleunigende Hohlkugeloberfläche einschiebt. Für konkave Linsen werden Sprengstoffe mit größerer Geschwindigkeit als D verwendet. TNT wird zum Beispiel für eine konvexe Linse verwendet, wenn der Hauptsprengkörper aus Hexogen besteht. Würden sich

3. *Rainer Karlsch, Hitlers Bombe, DVA 2005, Seite 149*
4. *Gottfried Guderley, Starke kugelige und zylindrische Verdichtungsstöße in der Nähe des Kugelmittelpunktes bzw. der Zylinderachse, in Zeitschrift für Luftfahrtforschung 1942, Bd.19, Lfg.9, Seite 302 - 312*

dagegen konkave Linsen aus Hexogen oder Nitropentaerythrit zusammensetzen, müsste für den Hauptsprengkörper Trinitrotoluol verwendet werden.[5]

Kritische Masse und deren Verringerung

Bei Kernspaltungsbomben ist es wichtig, dass ein sich selbst erhaltender Kernspaltungsprozess abläuft. Um dies zu erreichen, ist es notwendig, dass die Anzahl der Uran-Atome, die für eine Kernspaltung bereitstehen, groß genug ist. Hinzu kommt, dass die Entfernung zwischen den Atomen nur so groß sein darf, dass von den im Durchschnitt erzeugten 2,4 Neutronen pro Kernspaltung zwei von ihnen jeweils einen Urankern spalten können. Nur dann entsteht die sich potenzierende „Kernspaltungslawine" mit 1-2-4-8-16 usw. Kernen, die gespalten werden. Das führt zu einer Kerndetonation. Die Anzahl der für eine Kernspaltung zur Verfügung stehenden Neutronen kann man erhöhen, indem man versucht, die aus dem Bombenkörper entweichenden Neutronen zu reduzieren. Das ist mit einem sogenannten Tamper aus U 238 möglich. Der Tamper reflektiert einen Teil der Neutronen, die dann wieder für die Kernspaltung zur Verfügung stehen. Durch die Erhöhung der Anzahl der Neutronen kann nun die kritische Masse reduziert werden. Ein Beispiel: Bei U 235 mit einer kritischen Masse ohne Tamper von 49 Kilogramm reduziert sich bei Verwendung von Natururan als Neutronenreflektor die kritische Masse auf nur noch 15,7 Kilogramm.[6] Eine weitere Möglichkeit, die kritische Masse zu senken, besteht darin, im Gegenzug die Dichte des Urans zu erhöhen. Alle oben genannten Werte beziehen sich auf die normale Dichte von Uran. Wird jedoch eine Urankugel mit Sprengstoff umhüllt und die Urankugel mit dem Sprengstoff gleichzeitig gezündet - wie bei der Bombe in Ohrdruf! -, so entsteht eine auf den Mittelpunkt der Kugel ausgerichtete Druckwelle. Dadurch verringert sich der Durchmesser der Urankugel, die Dichte steigt. Das hat zur Folge, dass der Verlust an bei der Uranspaltung freiwerdenden spaltfähigen Neutronen kleiner wird, da die Oberfläche der Urankugel schrumpft und damit weniger Neutronen entweichen können. Dies führt wiederum dazu, dass die notwendige kritische Masse an Uran ebenfalls sinkt. Die Frage ist nun, wie weit kann man die kritische Masse reduzieren. In den frei zugänglichen

5. *Günter Nagel, Wissenschaft für den Krieg, Franz Steiner Verlag Stuttgart 2012, ISBN 978-3-515-10173-8, Seite 158*
6. *Rainer Karlsch, Heiko Petermann (Hrsg.), Für und Wider >Hitlers Bombe<, Waxmann Verlag, 2007, ISBN 978-3-8309-1893-6, Seite 101*

Quellen und Datenbanken findet man dazu keine Angaben. Der polnische Wissenschaftler Sylwester Kaliski hat in den 1970er Jahren verschiedene Artikel veröffentlicht, in denen er nachweist, dass durch Sprengstoffimplosionen Durchschnittsverdichtungen des Faktors 2,5 bis 4 erreicht werden können. Theoretisch würden in der Nähe des Zentrums der Kugel sogar Kompressionen von 20 bis 30 entstehen. Dadurch kommt es zu sehr kleinen kritischen Massen, wobei Kaliski theoretische Werte von unter 100 Gramm berechnete.[6] Dies ist wegen der nicht immer perfekten symmetrischen Implosion jedoch ein rein theoretischer Wert, weswegen man tatsächlich von Massen zwischen einigen hundert Gramm und etwas weniger als ein Kilogramm ausgehen kann.[7]

Der Pincheffekt

Jeder kann sich vermutlich an den Versuch im Physikunterricht erinnern, bei dem durch einen Leiter elektrischer Strom floss und mit einem Kompass das durch den Stromfluss erzeugte Magnetfeld angezeigt wurde. Das war der Nachweis, dass elektrische Energie ein Magnetfeld erzeugt. Man denke in diesem Zusammenhang auch an die berühmte „Korkenzieherregel".[8] Man erzeugt nun einen Plasmaschlauch, zum Beispiel mittels einer Entladung zwischen zwei Elektroden. Der auf der Außenschicht des Plasmaschlauchs fließende Strom generiert seinerseits nun ein Magnetfeld um diesen Plasmaschlauch. Das Magnetfeld wiederum übt eine Kraft auf die Ladungsträger des Plasmaschlauches aus („Lorentzkraft"). Dadurch wird der Plasmaschlauch zusammengedrückt und weiter aufgeheizt. Dieser Effekt wird durch den Vorschlag Diebners, über den Plasmaschlauch zusätzlich noch einen Kondensator zu entladen, intensiviert, da die höhere Stromstärke das Magnetfeld verstärkt. Das Resultat ist eine nochmals gesteigerte Einschnürung des Plasmaschlauchs und damit eine weitere Erhöhung der Temperatur und des Drucks. Dieser „Pinch-Effekt" wird heute unter anderem auch beim Plasmaschweißen angewendet.

---

7. *Rainer Karlsch, Heiko Petermann (Hrsg.), Für und Wider >Hitlers Bombe<, Waxmann Verlag, 2007, ISBN 978-3-8309-1893-6, Seite 102*
8. *Die „Korkenzieherregel", auch als „Rechte-Faust-" oder „Umfassungs-Regel" bekannt, ist eine Merkregel zur anschaulichen Bestimmung der Richtung des von einem stromdurchflossenen Leiter erzeugten Magnetfelds. Komplementär dazu kann eine „Linke-Faust-Regel" für die umgekehrte Stromrichtung (also die Ausrichtung negativer Ladungsträger) formuliert werden. Dreht man einen Korkenzieher so, dass er sich in die konventionelle bzw. technische Stromrichtung, d. h. vom elektrischen Plus- zum Minuspol, vorwärts schraubt, gibt sein Drehsinn damit die Richtung der durch den Stromfluss erzeugten Magnetfeldlinien an, wobei angenommen wird, dass dieser Drehsinn bei üblichen Korkenziehern stets nach rechts, also im Uhrzeigersinn, ist.*

Personenregister

A

Alvarez, Luis, 57, 58
Ardenne, Manfred von, 26
Atkinson, Robert d´Escourt, 11, 78
Auer, Hermann, 30

B

Berthold (Fa.Grona, Göttingen), 32
Berkei, Friedrich, 27, 39
Bethe, Hans, 11, 78 f.
Beuthe, Herrmann, 34
Biermanns, 38 f.
Bohr, Niels, 22, 74
Braun, Wernher von, 37, 39
Brasch, Arno, 14
Busemann, Adolf, 82

C

Crookes, William, 79

D

Diebner, Kurt, 27 ff., 34 ff., 47 ff., 62 ff., 70, 72, 84
Duhm, 30

E

Eddington, Arthur Stanley, 10
Esau, Abraham, 24 f.

F

Fäth, Harald, 71
Fermi, Enrico, 22
Focken, Christel, 66
Funitkov, Alexander, 60

G

Geist, Friedrich Georg, 24
Georgii, Walter, 30
Gerlach, Walther, 25 f., 29 f., 34 ff., 38 ff., 44, 62, 72
Goudsmit, Samuel, 72 f.
Göring, Herrmann, 25, 37
Groha, Edwin, 30
Grothmann, Werner, 34 ff., 41
Guderley, Gottfried, 28 f., 60, 82

H

Hahn, Otto, 14, 22
Harkins, William Draper, 10
Harteck, Paul, 51 f.
Hartwig, Georg, 29, 39
Hasse, Helmut, 26
Haxel, Otto, 26, 30, 32, 38 f.
Heß, 40
Heisenberg, Werner, 27, 40, 71
Herrmann, Walter, 29, 39
Hinrichs, Gerd, 32
Himmler, Heinrich, 34 ff., 39
Hirt, 39
Holtz, Werner, 35
Houtermans, Friedrich Georg, 11, 26, 78
Hydrick, Carter Plymton, 57 f.

I

Iljitshov, Ivan J., 42
Irving, David, 29, 71

J

Jordan, Pascual, 26, 32

K

Kaliski, Sylwester, 60 f., 83 f.
Karlsch, Rainer, 24, 38, 40, 43 ff., 47, 52, 58, 60, 72
Kessler, Ulrich, 58
Kirfes, Horst, 38
Kurchatov, Igor, 44
Kussmann, 40

L

Lang, Fritz, 14
Leeb, Emil, 30
Leimert, Erika, 39
Lindemayer, 37, 39

M

Mayer, Edgar 38, 71 f.
Mehner, Thomas, 38, 55, 71 f.
Mineev, Vladimir, 52, 60

O

Ohnesorge, Wilhelm, 25, 34
Oliphant, Mark, 17, 20
Oppenheimer, Robert, 22, 57
Otting, Gerhard, 39

P

Petermann, Heiko, 72
Pfetscher, Oskar, 39

R

Rackwitz, Heinz, 29, 39
Ramsauer, Carl, 17 f., 30, 47
Rehbein, Fritz, 38 f.
Richter, Ronald, 19 f., 22 ff., 50
Rundnagel, 37 f.
Russel, Henry Norris, 10
Rutherford, Ernest, 17, 20

S

Sachsse, Günther, 27, 29
Schall, Rudi, 62
Schaub, H., 29
Schardin, Hubert, 31
Schlicke, Heinz, 57 f.
Schützmeister, Luise, 39
Schumann, Erich, 24, 30 ff., 44 ff., 54 f., 62 ff., 72
Schwarzenbeck, Gerulf von, 55
Schwietzke, Werner, 35
Speer, Albert, 35
Steenbeck, Max, 31
Stetter, Georg, 20 f., 23
Steurer, 37, 39

T

Tautorius, Werner (Pseudonym von Kurt Diebner), 27
Teller, Edward, 22 f.
Telschow, Ernst, 24, 34, 40
Traubenberg, Rausch von, 19, 23

Trinks, Walter, 24, 29 ff., 33, 35, 44 f., 54, 62

V

Volz, Helmut, 39

W

Weiss, Carl-Friedrich, 40
Weizsäcker, Carl Friedrich von, 8 f., 11, 78 f.
Winterberg, Friedwardt, 44
Wirtz, Karl, 38

Bildnachweis

außer:
Titelbild: CTBTO (gettyimages)
Seite 8: BArch B 145 Bild-F063257-0006
Seite 10: sconosciuto
Seite 11: AIP Emilio Segrè Visual Archives, Physics Today Collection
Seite 14-18: Deutsches Patent und Markenamt (DPMA) Patentschrift DE662036
Seite 18: BArch Bild 102-05559
Seite 20: Salzburger Nachrichten, 13. Juli 1963
Seite 21: Österreichische Zentralbibliothek für Physik
Seite 23: DPMA, CD „Geheimdokumente zum deutschen Atomprogramm 1938-1945“, Bericht Prof.Stetter vom 27. Juni 1945
Seite 24: GoMoPa
Seite 27: US gov
Seite 28: Zeitschrift Kerntechnik, Nr.3, 1962
Seite 32: DPMA, Patentschrift FR1033565A, 1951, Figur 4
Seite 33: DPMA, Patentschrift FR1033565A, 1951, Figur 6
Seite 36: BArch Bild 101III-Alber-083-03A
Seite 46: DPMA, Patentschrift FR1033565A, 1951, Figur 12
Seite 48: Zeitschrift Kerntechnik, Nr.3, 1962, Artikel „Fusionsprozesse mit Hilfe konvergenter Stoßwellen - einige ältere und neuere Versuche und Überlegungen“, Kurt Diebner, Abb.5
Seite 49: Zeitschrift Kerntechnik, Nr.3, 1962, Artikel „Fusionsprozesse mit Hilfe konvergenter Stoßwellen - einige ältere und neuere Versuche und Überlegungen“, Kurt Diebner, Abb.6
Seite 50: Zeitschrift Kerntechnik, Nr.3, 1962, Artikel „Fusionsprozesse mit Hilfe konvergenter Stoßwellen - einige ältere und neuere Versuche und Überlegungen“, Kurt Diebner, Abb.6 mit Ergänzungen durch den Autor
Seite 54: DPMA, Patentschrift DE977825, Figur 7
Seite 55: Fa. EG&G, Data Sheet K5500B-1
Seite 56: nuclearweaponarchive.org
Seite 57: Fastfission
Seite 59: Sebastian Dürre
Seite 63: DPMA, Patentschrift DE1240194, Zeichnung Blatt 1
Seite 65: U.S. Department of Energy
Seite 68-70: Christel Focken
Seite 81: Zeitschrift Kerntechnik, Nr.3, 1962, Artikel „Fusionsprozesse mit Hilfe konvergenter Stoßwellen - einige ältere und neuere Versuche und Überlegungen“, Kurt Diebner, Abb.1